全彩版

王 旭◎编

青少年科学探索第一读物

SHENGTAI HUANJING QI SHI LU

生态环境启示录

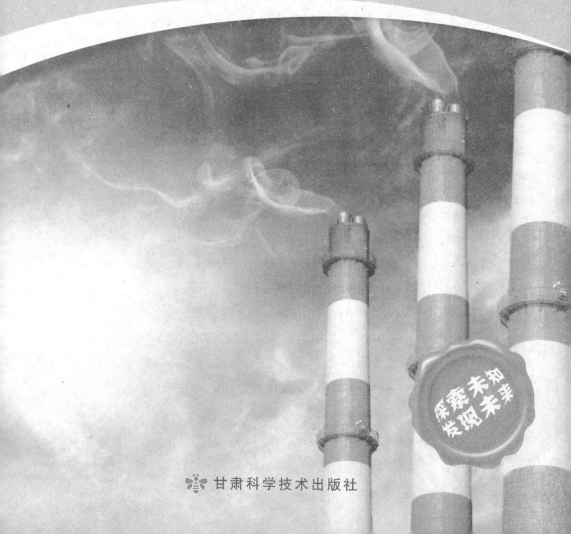

探索未知
发现未来

甘肃科学技术出版社

图书在版编目（CIP）数据

生态环境启示录 / 王旭编 . —兰州 : 甘肃科学技
术出版社，2013.4

（青少年科学探索第一读物）

ISBN 978-7-5424-1801-2

Ⅰ .①生… Ⅱ .①王… Ⅲ .①生态环境—青年读物②
生态环境—少年读物Ⅳ .① X171.1-49

中国版本图书馆 CIP 数据核字 (2013) 第 067311 号

责任编辑　毕　伟（0931-8773274）
封面设计　晴晨工作室
出版发行　甘肃科学技术出版社（兰州市读者大道 568 号　0931-8773237）
印　　刷　北京中振源印务有限公司
开　　本　700mm×1000mm　1/16
印　　张　10
字　　数　153 千
版　　次　2014 年 10 月第 1 版　2014 年 10 月第 2 次印刷
印　　数　1～3000
书　　号　ISBN 978-7-5424-1801-2
定　　价　29.80 元

前 言

科学技术是人类文明的标志。每个时代都有自己的新科技，从火药的发明，到指南针的传播，从古代火药兵器的出现，到现代武器在战场上的大展神威，科技的发展使得人类社会飞速的向前发展。虽然随着时光流逝，过去的一些新科技已经略显陈旧，甚至在当代人看来，这些新科技已经变得很落伍，但是，它们在那个时代所做出的贡献也是不可磨灭的。

从古至今，人类社会发展和进步，一直都是伴随着科学技术的进步而向前发展的。现代科技的飞速发展，更是为社会生产力发展和人类的文明开辟了更加广阔的空间，科技的进步有力地推动了经济和社会的发展。事实证明，新科技的出现及其产业化发展已经成为当代社会发展的主要动力。阅读一些科普知识，可以拓宽视野、启迪心智、树立志向，对青少年健康成长起到积极向上的引导作用。青少年时期是最具可塑性的时期，让青少年朋友们在这一时期了解一些成长中必备的科学知识和原理是十分必要的，这关乎他们今后的健康成长。

科技无处不在，它渗透在生活中的每个领域，从衣食住行，到军事航天。现代科学技术的进步和普及，为人类提供了像广播、电视、电影、录像、网络等传播思想文化的新手段，使精神文明建设有了新的载体。同时，它对于丰富人们的精神生活，更新人们的思想观念，破除迷信等具有重要意义。

现代的新科技作为沟通现实与未来的使者，帮助人们不断拓展发展的空间，让人们走向更具活力的新世界。本丛书旨在：让青少年学生在成长中学科学、懂科学、用科学，激发青少年的求知欲，破解在成长中遇到的种种难题，让青少年尽早接触到一些必需的自然科学知识、经济知识、心理学知识等诸多方面。为他们提供人生导航、科学指点等，让他们在轻松阅读中叩开绚烂人生的大门，对于培养青少年的探索钻研精神必将有很大的帮助。

科技不仅为人类创造了巨大的物质财富，更为人类创造了丰厚的精神财富。科技的发展及其创造力，一定还能为人类文明做出更大的贡献。本书针对人类生活、社会发展、文明传承等各个方面有重要影响的科普知识进行了详细的介绍，读者可以通过本书对它们进行简单了解，并通过这些了解，进一步体会到人类不竭而伟大的智慧，并能让自己开启一扇创新和探索的大门，让自己的人生站得更高、走得更远。

本书融技术性、知识性和趣味性于一体，在对科学知识详细介绍的同时，我们还加入了有关它们的发展历程，希望通过对这些趣味知识的了解可以激发读者的学习兴趣和探索精神，从而也能让读者在全面、系统、及时、准确地了解世界的现状及未来发展的同时，让读者爱上科学。

为了使读者能有一个更直观、清晰的阅读体验，本书精选了大量的精美图片作为文字的补充，让读者能够得到一个愉快的阅读体验。本丛书是为广大科学爱好者精心打造的一份厚礼，也是为青少年提供的一套精美的新时代科普拓展读物，是青少年不可多得的一座科普知识馆！

目 录 contents

目录

第三章 保护生态环境

目录

CONTENTS

目录

CONTENTS

Part 1
生态系统与生物群落

　　生态系统指由生物群落与无机环境构成的统一整体。生态系统的范围可大可小，相互交错，最大的生态系统是生物圈；最为复杂的生态系统是热带雨林生态系统，人类主要生活在以城市和农田为主的人工生态系统中。生态系统是开放系统，为了维系自身的稳定，生态系统需要不断输入能量，否则就有崩溃的危险。许多基础物质在生态系统中不断循环，其中碳循环与全球温室效应密切相关。生态系统是生态学领域的一个主要结构和功能单位，属于生态学研究的最高层次。

生物与环境

在一个温暖的夏季早晨，当太阳升起的时候，内布拉斯加州（图1）的一个"小镇"已经充满了生机和活力。一些"居民"在为建设自己的家

图1

园而努力工作——它们在地下搞"建设"，那里尽管黑，但颇为凉爽；另一些"居民"正在为早餐采集植物果子；"小镇"上的一些年幼的"居民"在嬉戏玩耍，在草地上相互追逐。

突然，一位长者发现一个可怕的影子正在接近——天敌已经出现在天空中。这位年长者大叫了几声，向同伴发出了警告。一瞬间，"小镇"上的"居民"立即躲进了地下室。除了一只鹰在天空中盘旋外，"小镇"变得十分宁静。

你能猜出这是一个什么样的"小镇"了吗？答案是：这是一个在内布拉斯加州平原的草原犬鼠"小镇"。当这些草原犬鼠在打地洞、寻找食物和躲避鹰的袭击时，它们就与周围的环境发生了相互作用。草原犬鼠（图2）既要与生物，如草地和鹰等发生相互作用，又要与非生物，如土壤等发生相互作用。在一个特定的区域中，所有相互作用的生物与非生物构成一个生态系统。

草原仅仅是地球上许多生态系统

图2

中的一种。生物能安家的另一些生态系统包括山溪、深海和密林等。

栖息地

生物生活在一个生态系统中的某个特定的位置。一种生物为了生存、成长和繁殖，必须从其周围的环境中获取所需的食物、水、庇护场所和其他物质。生物生活于其中，并且能给生物提供生存所需物质的场所，称为栖息地。

一个独立的生态系统包含了许多的生物栖息地。例如，在一个森林生态系统中，蘑菇（图3）长在潮湿的土壤上，野兔生活在森林的地面上，白蚁生活在大树枝干的皮下，啄木鸟则在枝干上筑巢。

图3

生物之所以在不同的栖息地生活，是因为它们有不同的生存需要。草原犬鼠从它的栖息地获取其生存所需的食物和窝巢。草原犬鼠在热带雨林或海岸岩石带上就不能生存。同样，草原满足不了大猩猩、企鹅和寄居蟹的生存需要。

生物因素

每个生物都与它所处的环境中的其他生物和非生物发生相互作用。一个生态系统中的生物部分称为生物因素。草原犬鼠所处的生态系统中的生物因素包括牧草和能提供种子和果仁的植物。捕食草原犬鼠的鹰、鼬、獾也是生物因素。此外，牧草下土壤里的蚯蚓、真菌和细菌也是生物因素。当这些生物分解其他生物的遗体时，它们提供了营养物，使得土壤保持肥沃。

非生物因素

一个生态系统中的非生物部分称为非生物因素。在大草原中对生物产生影响的非生物因素与大多数生态系统的情况是十分相似的。这些非生物

图4

因素包括水、阳光、氧气、温度和土壤等。

水　一切生物都需要水来维持生命。水也是大多数生物体的主要组成部分。例如，人体大约65%是水，西瓜中的水超过95%。实际上，水对植物和藻类（图4）而言是非常重要的，这些生物利用水，与阳光和二氧化碳一起进行光合作用，形成所需的养料。另一些生物通过吃植物和藻类而获得能量。

阳光　阳光对植物的光合作用来说是必不可少的，所以，对于植物、藻类和其他生物来说，阳光是一个重要的非生物因素。在阳光照不到的地方，例如，在黑暗的洞穴里，植物是很难生长的。没有植物和藻类提供食物来源，只有极少数特殊生物能够生存。

氧气　大多数生物需要氧气来维持生命。氧气对人类生命活动是非常重要的，假如没有氧气，我们只能存活几分钟。生活在陆地上的生物从空气中获得氧气，空气中氧气占21%。鱼和其他水生生物是从水中获得被溶解了的氧气。

温度　一个地区的气温特点决定了生活在这个地区生物的种类。例如，如果到炎热的热带岛屿作一次旅行，你将会看到许多棕榈树（图5）、漂亮的木槿花和小蜥蜴，这些生物在寒冷的西伯利亚平原就无法生存了。而具有厚厚毛皮的狼和树枝短粗的矮柳树却能适应西伯利亚狂风呼啸的冬季。

有些动物通过改变环境，来克服奇热或奇冷的气温状况。例如，北美草原犬鼠在地下挖洞作巢，可以躲避夏季烈日。在寒风刺骨的冬季，它们在洞穴里铺上草，可以保暖。

土壤　土壤由岩石碎片、营养物、

图5

空气、水和生物腐烂后的残留物等构成。不同区域的土壤，物质的含量也不同。一个区域的土壤类型影响着在这里生长的植物种类。许多动物，如草原犬鼠用土壤本身做窝。数以亿计的微生物，如细菌，也生活在土壤里。这些微生物通过分解其他生物的遗体，在生态系统中扮演了重要的角色。

生物种群

1900 年，一些旅行者在得克萨斯州（图 6）发现了面积是达拉斯城两倍大的一个草原犬鼠"都市"。这个四通八达的"都市"居然拥有 4 亿只

图6

以上的草原犬鼠！所有这些草原犬鼠属于一个物种，即生物的一个种类。同一物种的生物，具有相同的身体特征，并能相互交配而生育后代。

在一个特定区域中，一个物种的所有成员被称为生物种群。得克萨斯州这个"都市"的 4 亿只草原犬鼠就是一个生物种群。纽约城所有的鸽子也是一个生物种群，一块田里所有的雏菊也一样。但是，一个森林中所有的树并不构成一个种群，因为这些树并不属于同一个物种，里面也许有松树、枫树、桦树和其他许多种类的树。

一个生物种群所生活的区域可以是一片草地那么小，也可以是整个草

图 7

原那么大。研究一种生物的科学家，通常会把他们的研究限制在一个特定区域内的一个生物种群上。例如，他们会研究一个池塘里的蓝鳃鱼（图7）种群的数量，或是在佛罗里达州南部大沼泽地研究鳄鱼种群的数量。

当然，有些生物种群不会呆在一个固定的区域。例如，要研究长须鲸种群数量，科学家可能要把整个大洋作为研究范围。

群落

显然，多数生态系统不止一种生物。例如，草原上拥有草原犬鼠、鹰（图8）、草、獾和蛇，以及其他许多生物。生活在同一个区域内的所有不同的生物种群，构成了群落。

生物有机体的最小单位是生物个体，它与该物种的其他成员构成一个生物种群。生物种群属于群落，群落包含不同种类的生物。群落和非生物因素一起构成一个生态系统。

图 8

不同的生物种群必须非常紧密地生活在一起相互作用，才能确认它们是一个群落。在一个群落中的不同生物种群，其相互作用和影响的一种方式是它们利用共同的资源，如食物和居住场所。例如，草原犬鼠所挖的地道作为躲避猫头鹰和黑足鼬的洞穴。草原犬鼠与其他动物共享草地这一自然资源。而草原犬鼠自己也成为其他许多物种所猎取的食物对象。

生态系统

生态系统这一概念是英国科学家 A. 坦斯里于 1935 年为证明生物圈中基本的自然单位而提出的。生态系统是由生物和非生物及其生存环境构成的统一的自然综合体。水塘、腐烂的树木、种有土豆的田野、蚂蚁窝（图9）、海洋、城市都属于生态系统。

生态系统之间没有严格的界限，因而，一个生态系统可以逐渐过渡到另一个生态系统。就其规模而言，人们把生态系统分为三组。第一组为微生态系统：蚂蚁窝、腐烂的树木、玻璃缸。第二组为中生态系统：湖泊、小树林、沼泽、农场、田野。而海洋、

图9

冻土带、草原、戈壁和原始森林则属第三组——大生态系统。小的生态系统被大的生态系统所包容，而大的生态系统同样又被更大的生态系统所包容。

生态系统具有复杂的构造。生态系统首先分为生物组合与非生物组合。生物部分包括植物、动物和微生物。非生物成分有空气、水、矿物质营养成分、光线和无生命的有机物质——腐屑。生态系统的所有成分都彼此联系，经常共同参与活动过程。

构成生态系统的生物根据其摄食方式而分为自养和异养生物。自养生物能够从无机物——水、二氧化碳、无机盐中合成复合有机物。所以许多自养生物能利用太阳光线（图10）的能量。某些种类的细菌善于利用化学键的能量。异养生物利用现成的有机物质来作食物。动物、蘑菇和细菌属

图 10

于异养生物。

在生态系统中自养生物被称之为生产者，因为它们能生产食物。异养生物被分为消费性生物和还原者。消费性生物使用有机物质，而还原者则把有机物分解成普通化合物，再供生产者使用。

在摄取食物过程中，生物之间联成一个序列，这个序列就叫食物链。物质和能量的转化是沿食物链来完成的。在生态系统中食物链相互交叉构成食物网。

生态学

要回答这个问题，请让我们查一下辞典。我们会得知，生态学是研究动植物有机体及其群落内部以及它们与周围环境之间相互关系的科学。微生物、大象、人都可以被理解为动植物有机体。周围环境既包括各种有机体所生存的土壤，还包括与栖息着各种生物有着相互关系的森林，也包括空气，没有空气，动植物无法生存，也就是说，周围环境包括动植物有机体周围及与其有相互关系的一切。

生物学与化学、地理学与物理学、天文学与宇宙学、数学与哲学，各门科学都在研究动植物有机体与周围环境的千丝万缕的联系。而且每个学科都为生态学做出了自己的贡献。如今，生态学已经被分为若干个独立的学科：普通生态学，农业生态学，水文生态学，人口生态学等等。

不能脱离人类社会中的各种活动去孤立地研究生态问题。人类的经济活动经常会对人类本身及其周围环境产生不良影响。如果人类所造成的创伤不是很严重，那么大自然能够自我恢复。

　　人把一桶垃圾丢到粪堆（图11）上。一年以后，垃圾就变成了农家肥，之后，人们可以利用它来给农作物施肥。大自然能够处理这类丢弃物。

图11

图12

　　切尔诺贝利核电站发生泄露期间排放出千吨计的放射性物质，它们会对许多城市、乡村（图12）、田野、湖泊、河流、森林贻害几十年，危及人们的生活。这是已经发生的生态灾难。工厂向大气中排放千万吨的对所有生物都有害的气体、烟尘，形成酸雨，同酸雨落下的还有其他能够杀死所有生物的有害物质。这说明新的生态灾祸还在产生。

　　人类生产的产品越多，向其周围环境丢弃的有害废料也越多。人类不能停止生产，但在生产过程中不产生废弃物却是可以的，也应该做到的。生态危机应该被克制。

生物圈

　　"生物圈"一词是奥地利地质学家爱德华·修斯在19世纪后半期首次使用。但是生物圈理论在20世纪初才出现。它是由杰出的俄罗斯科学家弗拉基米尔·伊万诺维奇·维尔纳茨基创建的。他把生物圈看成一个地球的特殊的活力层，上面住满了生物，包括人在内的所有生物的活动作为改造地球的最重要的因素而表现出来。弗·伊·维尔纳茨基认为，法国自然科学家拉马克是生物圈理论的先驱者。

生物圈包括三层：空气层——大气层，水层（图13）——冰界，固体层——岩石圈。大部分生物在岩石圈的扩展空间不超过地表以下10米。

图13

而在大气层中则可达海拔6000米。生物在水中随处可见，直至大洋11000多米的最深处。大部分生物集中在地表和水下20～30米处。与地球本身相比，生物圈是个最薄最薄的薄层。

30多亿年以来，生物逐渐挤满地球表面并不停地改造着它。

没有生物地球化学的不间断的物质循环，生物圈是不可能存在的。请你想一想，我们把化学元素的位移称作圆周或循环运动，化学元素是在循环中连续不断地变为生物和地球表面的非生物部分。这种运动由两个相反过程来作保障：由无机物合成复合有机物和把有机物分解成普通无机物。

生物圈要存在，就必须有源源不断的能源供给。太阳的光辐射和热辐射是其主要的源泉。太阳光的能量以化学键能的形式储存在绿色植物的有机物中，并能由一种有机物转化为另一种有机物。

生物种群

你希望换个角色过一天吗？今天，你不是学生了，而是一名生态学家。你正在研究你那个地区的白头鹰种群。你可能会问：此前这个地区的白头鹰种群发生了什么样的变化？现在是多了还是少了，还是与50年以前一样？要回答这些问题，你首先必须确定现在白头鹰种群的大小。

生物种群密度

我们可以用种群密度（population density），即在一个特定的范围内生物个体的数量，来描述生物种群的大小。种群密度可用以下公式表示：

$$种群密度 = \frac{生物个体数}{单位面积}$$

例如，假设你在面积10平方米的花园中发现了50只黑脉金斑蝶，那么，这种蝴蝶的种群密度就是5只／平方米。

确定种群的大小

作为一名生态学家，你研究的对象是生物种群，那么，如何确定种群的大小呢？确定生物种群大小的方法有：直接和间接的观察、生物取样、标记与再捕获研究。

直接观察 很显然，我们可以用一个一个地数清所有生物个体的方法去确定一个种群的大小。你可以数一

图14

数一条河沿岸生活的所有白头鹰，一片森林中所有的红枫树（图14），或者肯尼亚一个山谷里的所有大象。

间接观察　有时，一个生物种群的成员很少或很难寻找，这时就不宜采用直接观察的方法，而是根据生物的行踪或一些识别物来观察。比如观察一个红石燕筑成的泥窝，每个窝都有一个小洞口，通过统计这些小洞口，你就能够确定这个区域筑窝的红石燕家庭的数量。假设每个家庭平均有4只红石燕：父母和两个子女。如果这里有120个窝，你就可以推断出红石燕的数量为120乘以4，即480只。

取样　多数情况下，要统计出一个生物种群的准确数量几乎是不可能的。一个种群也许非常大，或者分布在一个很广阔的区域，所以很难找到所有的生物个体，或很难确定哪些生物个体已经被统计过了。因此，生态学家们通常只做一个估计。一个估计值是一个建立在合理假设基础上的一个近似值。

一种估计方式是通过在一个小地域内统计生物的数量（一个样本），再乘以相应的倍数，来确定一个较大地域内生物个体的数量。要得到一个准确的估计，这个小区域应与较大地域具有相同的种群密度。例如，假设你在树林中10米×10米面积上统计有8棵红枫树，如果整片树林的面积是它的100倍，那么你可以把统计数再乘上100，估计出整片树林全部红枫树的数量——约有800棵。

标记与再捕获研究　另一种估计方法是一项称为"标记与再捕获"的技术。这项技术之所以叫这个名称，是因为一些动物先前被捕获，并作上了标记，再放回到自然环境之中。然后再抓捕一批动物，通过这批动物中带标记动物的数量，就能算出该动物整个种群的个体数量。例如，如果第二次抓捕的动物中有一半已做过标记，就意味着第一次样本的动物数量大约是整个总量的一半。

这里有一个实例，可以说明标记与再捕获研究的工作过程。首先，在一个地域范围中，用一种非伤害性的捕捉器来捕捉白足鼠（图15）。生态学家统计捕获的数量，并在每只白足鼠身上用一些染发剂做上标记，然后把它们放回地里。2周以后，研究人员再次回到原地域，捕捉白足鼠。他

图 15

们数一数其中有多少白足鼠带有上次被抓获的标记，有多少白足鼠没有做过标记。运用数学方法，科学家能够估计出这个地域白足鼠种群的个体总量。你也可以在这节结束的"生活实验室"里尝试这个方法。

生物种群大小的变化

生态学家经常回到一个特定区域采用上述三种方法中的一种进行研究，经过一段时间，就能监控该区域生物种群的大小。有新成员进入种群，或种群中有成员离开时，种群的大小会发生变化。

出生与死亡 新的成员加入种群的主要方式是繁衍后代。种群的出生率是指在某个时期内一个种群中生物个体的出生数量。例如，假设一年内有 1000 只雪雁（图 16）繁殖了 1400 只幼雁，这个种群的出生率就是 1400 只／年。

同样，成员离开种群的主要方式

图 16

是死亡。死亡率（deathrate）是指在某个时期内一个种群中生物个体的死亡数量。假设在这个雪雁种群中每年有 500 只死亡，该雪雁种群的死亡率就是 500 只 / 年。

种群的平衡　一个种群的出生率大于死亡率，这个种群将增大。即：

出生率 > 死亡率，种群增大

例如，在雪雁种群中，每年有 1400 只小雪雁出生，同时有 500 只雪雁死亡，由于出生率大于死亡率，雪雁种群就增大。

如果死亡率大于出生率，种群就会减小。即：

死亡率 > 出生率，种群减小

迁入与迁出　当生物个体从某个种群迁出或迁入，也会改变该种群的大小。就像你所生活的城镇，当一些家庭迁入或迁出时，人口就会发生变化。当生物种群的一些成员离开其余的成员时，发生的过程就是迁出。例如，

图 17

当食物缺乏时，羚羊群（图 17）中的一些成员为了寻找更好的草地可能会走失。如果它们与原来的种群永久地分离了，它们将不再是这个种群的一部分。

限制因素

一般地说，生存条件好时，一个生物种群就会增大。但是，一个种群不会永远保持增大。它生存环境中的某个因素最终会导致这个种群停止增大。限制因素是指阻碍生物种群增长的环境因素，限制种群的因素主要包括：食物、空间和气候状况。

食物　生物的生存需要食物。在一个食物缺乏的地方，食物就成为生物种群增长的限制因素。假设长颈鹿（图18）每天需要吃10千克树叶才能生存，而一个地方的树要保持正常健康地生长，一天只能提供100千克树叶，那么，5只长颈鹿在这个地方很容易生存，因为它们仅仅需要50千克树叶作

图18

食物。但是，15只长颈鹿就不能生存，因为它们没有足够的食物。尽管这里的庇护场所、水和其他资源都没有什么问题，这个生物种群的数量不会超过10只长颈鹿。一个环境所能容纳的生物种群的最大值，称为环境的承载能力。这个环境的承载能力为10只长颈鹿。

图19

空间　有种鸟叫憨鲣鸟（图19），它们耗费一生中的大多数时间进行越洋飞行。它们只在这个岩石海滩上筑巢。但我们可以看到，这个海滩非常拥挤，一对憨鲣鸟如果没有地方筑巢，就不能繁殖自己的后代。这样，这对憨鲣鸟就不能对本种群的增大做出自己的贡献。这就意味着筑巢空间对这些憨鲣鸟来说是一个限制因素。如果这里海滩更大，就有可能使更多的憨鲣鸟在这里筑巢，种群也会随之增大。

空间经常是植物生长的一个限制因素。植物生长空间的大小决定着植物所能获得的阳光、水和其他必需物质的多少。例如，在森林里每年都有

图 20

许多松树苗发芽。但是，当松树长得越来越大，树木之间靠得越来越紧时，一些松树苗（图 20）就没有空间去伸展它们的地下根系。枝繁叶茂的树林挡住了松树生长所需的阳光，一些松树苗就会死掉，从而限制了松树的总量。

气候 温度和雨量等气候状况，同样也会限制生物种群的增长。许多种类的昆虫都是在温暖的春天繁殖的。当冬天来临时，第一次霜冻会冻死许多昆虫。昆虫死亡率突然提高，会造成昆虫种群的减小。

一次严重的气候事件会造成大批生物死亡，使种群发生急剧变化。例如，一场洪水或一次飓风会毁掉动物的巢穴，就像毁坏人类的住房一样。如果你生活在美国北部的某个州，你就会看到，初冬的早期霜冻是如何使菜地里西红柿产量减少的。

生物之间的相互作用

想象一下你紧紧地拥抱照片上的植物。哎哟！它身上尖尖的刺会使你在拥抱或甚至仅仅是碰一下以前三思而后行，这就是树形仙人掌。但是，如果花一天时间躲藏在一颗仙人掌中观察，你会看到许多物种与这种带刺的植物存在着相互依存的关系。

破晓时，仙人掌（图 21）枝干裹

图 21

藏着的鸟巢中传来叽叽喳喳的叫声。两只红尾稚鹰正准备作第一次飞翔。沿仙人掌躯干再往下，一只幼小的猫头鹰正通过窝巢的小孔向外偷看。这只猫头鹰这么小，你可以把它放在掌心抚弄。一条响尾蛇正穿行在仙人掌之间寻找食物，响尾蛇窥视着不远处的鼩鼱，慢慢靠近它的猎物，刹那间，响尾蛇用它锋利的毒牙咬住了鼩鼱。

太阳下山后，仙人掌周围依然充满生机。在夜间，长鼻蝙蝠吸食仙人掌的花蜜，它们把整个脸都伸进花朵里面，长长的鼻子上沾满白色的花粉。蝙蝠就这样携带着花粉从这一棵飞到那一棵，帮助仙人掌传播花粉，繁衍后代。

适应环境

在这个沙漠生态系统中（图22），每种生物都有自己的特性。物种随着环境变化而进化，随着时间推移而变迁，使生物更好地适应环境的变化过程，称为自然选择。

自然选择的过程是这样的：一个生物种群中的生物个体具有不同的特性。那些具有最能适应环境特性的生物个体常常最易生存和繁衍，它们的

图22

后代继承了前辈的遗传特性，因此，能继续成功地繁殖后代。经过一代又一代的进化，具有良好生物遗传特性的生物个体得到了繁衍，而那些不能适应环境变化的生物个体就很难生存和繁衍。随着时间的推移，不适应环境的生物就从生物种群中逐步消失。这个过程就形成了生物种群自身的环境适应性，即生活习性和身体特性，环境适应性使生物种群更好地适应周围的环境。

每一种生物都具有适应特定生存条件的多种能力。在沙漠生态系统中，生物的适应能力使每种生物扮演了独一无二的角色。一种生物的独特功能角色，或如何维持生存，生物学上称为小生境。小生境包括生物所吃的食物类型，如何获取这些食物，哪些生物种群是以这类生物作为食物的。小生境也包括这些生物是什么时候和如何繁衍后代的，以及它们生存所需的物质条件。

一个生物的小生境还包括它如何与其他生物相互作用。我们在仙人掌群落的一天中，已经观察到一系列这样的相互作用。生物之间相互作用有三种主要方式：竞争、掠食和共生。

竞争

不同的生物能共享同一个栖息地，例如在仙人掌周围和仙人掌上生活

图23

着许多动物。不同的生物也能共享相似的食物，例如，红尾鹰（图23）和猫头鹰都生活在仙人掌上，吃相似的食物。然而，这两种生物并不具有完全相同的小生境。红尾鹰是在白天活动的，而猫头鹰主要在夜间活动。如果两个物种具有完全一样的小生境，其中一个物种最终将会消亡。导致这个结果的原因是竞争，即在一个资源有限的栖息地上，生物之间为生存而展开争夺。

一个生态系统不能满足在一个特定栖息地上的所有生物的需要。这

里的食物、水和居住场所的数量是有限的，而现存的生物往往具有环境的适应性，使它们能够避免竞争。例如，我们可以看到有三种林莺（图24）生活在云杉树上，它们都吃长在云杉树上的昆虫。这些鸟是如何避免为有限的昆虫数量而竞争呢？每一种林莺专门在一棵云杉的某一部位捕食昆虫。三种林莺在不同的部位寻觅食物，使它们得以共存。

图24

　　许多植物运用化学物质避开生物之间的竞争。植物之间经常为了空间和水展开竞争。一些灌木能在它周围的土壤中释放出有毒或有害的化学物质。这些化学物质能阻止杂草在其周围生长，有时能形成半径为1～2米的不生杂草的圆形地带。

掠食

　　虎纹猫鲨潜伏在清澈的海面下，搜寻在海面上漂浮的幼小的信天翁的影子，鲨鱼看到一只幼小的信天翁正慢慢地游近，突然，鲨鱼冲出水而，用像钳子一样有力的嘴一口咬住信天翁。这两种生物之间的相互作用，对于信天翁而言是一个不幸的结局。

　　一种生物杀死并吃掉另一种生物，称为掠食。能捕食其他生物的是掠食者。而被捕食的生物称为被掠食者。

图25

　　掠食者的适应性　掠食者拥有帮助其捕捉和杀死被掠食者的能力。例如，印度豹（图25）能在一瞬间跑得非常快，具有很强的追捕猎物的能力。水母的触须含一种有毒物质，能使水中一些小动物失去知觉。

　　你也许会认为掠食者都有钳子般

第一章　生态系统与生物群落

的爪、锋利的牙齿或带毒的刺，而事实上一些植物同样也有捕获猎物的能力。茅膏菜茎被胶黏的球形物所包裹，当苍蝇停在它的上面时，就被黏住了，成为茅膏菜的食物。

有些掠食者具有夜间捕捉猎物的能力，例如，猫头鹰（图26）的一双大眼睛能在黑夜里看清猎物。蝙蝠则

图26

完全不需要眼睛捕猎，因为蝙蝠通过发射超声波和接收反射波来确定猎物的位置。这一招非常管用，蝙蝠能够在一片漆黑的环境中捕捉到正在飞行的蛾。

被掠食者的适应性　被掠食者如何设法躲避能力高超的掠食者？在下面"探索防御重大适应性变化"里，你将了解一些生物怎样利用独特的外表来保护自己。

掠食行为对种群的影响　掠食行为对生物种群数量的变化具有重要影响。当一个生物种群的死亡率超过出生率时，这个种群的个体数量是减少的。如果掠食者非常善于捕食掠食对象的话，其结果常常使这个被掠食的生物种群个体数量减少。但被掠食生物种群个体数量的减少，反过来也会影响掠食生物种群。

罗牙岛位于美国苏必利尔湖中。从1965～1975年，驼鹿群的数量是增加的。那时，狼群有足够多的驼鹿供捕食，所以，狼群中的多数都能生

图27

存。过了几年，狼群的数量开始增加。不断增加的狼群捕食了越来越多的驼鹿，驼鹿群（图27）的数量就减少。到了1980年，驼鹿的缺乏极大地影响了狼群的生存，一些狼饿死了，而另一些狼则不能喂养小狼。不久驼鹿群的数量开始再次回升。这两个生物种

群的这种变化在不断地持续。

当然，另外的一些因素同样会影响罗牙岛上这两个生物种群的变化。例如，寒冬和疾病也会减小其中一个或所有两个生物种群。

共生

共生是两个物种之间的一种亲密关系，其中至少有一个物种能从这种关系中受益。共生有三种形式：互惠共生、共栖和寄生。

互惠共生　两个物种都能从这种相互作用中受益，称为互惠共生。仙人掌与长鼻蝙蝠（图28）之间的作用就是互惠共生的一个实例。因为仙人掌的花为蝙蝠提供食物，使蝙蝠受益。蝙蝠用鼻子把一棵仙人掌的花粉传给其他仙人掌，使仙人掌受益。

图28

每时每刻，你与你大肠内的细菌种群都处于互惠共生关系状态。这些细菌称为大肠杆菌，生活在大多数哺乳动物的大肠内。它们能分解某些哺乳动物自己消化不了的食物。

细菌因在人体大肠内摄取食物和栖息空间而得益。你同样在这种相互作用中得益，因为细菌帮助你消化食物。大肠杆菌还为人们提供维生素 K，这种营养物质能增强凝血功能，是人体必需的。

共栖 一个物种受益，而另一个物种既没益处，也没受伤害，两个物种这样的作用称为共栖。红尾鹰与仙人掌之间就是共栖。红尾鹰受惠于仙人掌，它能在仙人掌上筑巢，仙人掌的生长不受红尾鹰的影响。

在自然界，共栖并不是非常普遍的，因为两个物种在相互作用时通常不是得到一些好处，就是受到一些伤害。例如，由于猫头鹰要在仙人掌的茎上为它们的窝巢开一个小孔，这对仙人掌就有轻微的伤害。

寄生现象 共生的第三种类型称为寄生。寄生是一种生物生存在另一种生物的体表或体内，并且伤害后者。受益的生物称为寄生虫，提供体表和体内生存环境的生物称为寄主。寄生虫通常比寄主要小，在寄生作用中，寄生虫从这种相互作用中受益，而寄主则被伤害。

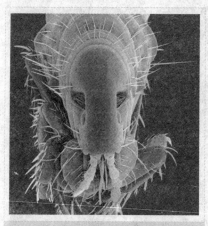

图29

你也许熟悉一些普通的寄生虫，如跳蚤（图29）、扁虱和蚂蟥等。这些寄生虫能够依附在寄主身上，并吸寄主的血液。另一些寄生虫则在寄主的体内生存，例如，绦虫就是在狗和狼的消化系统中生存的。

与掠食者不同的是，寄生虫通常不会弄死提供给它们生存环境的生物。如果寄主死了，寄生虫就失去了食物的来源。生活在蛾耳朵内的一种螨虫，就是这方面的一个有趣的例子。螨虫几乎总是生活在蛾的一只耳朵里。如果蛾的两只耳朵都有螨虫的话，蛾的听力会受到严重影响，这样它很可能很快就被天敌——蝙蝠捕获吃掉。

生态系统的能量流

　　红隼从它栖息的橡树枝上扑啦啦飞起，展翅滑翔在点缀着黄花的田野上空。在田野的中间，这只鸟儿停止了滑翔，它像一只巨大的蜂鸟停在空中，尽管有一阵阵风刮来，它的头始终一动不动，因为它正在寻找猎物。红隼以这种方式停在空中是很耗费能量的，但是在这个位置，它可以搜寻下方田野里的食物。

　　很快，它就发现了正在草丛里大口咀嚼着快要成熟的草籽的一只田鼠。几秒之内，红隼俯冲而下，利爪紧紧抓住了这只田鼠，然后飞回树上享用去了。

图30

　　与此同时，一只蜘蛛（图30）正躲藏在附近花朵的花瓣里，一只毫无防备的蜜蜂在这朵花上停了下来，想要呷一口里面的花蜜，蜘蛛立即抓住蜜蜂，并将毒液注入蜜蜂的身体，在蜜蜂想要动用它致命的一叮之前，蜘蛛的毒液已将它毒死了。

　　这一片阳光照耀的田野就是一个生态系统，它由相互作用的生物和非生物所组成。我们可以看到，这个生态系统中的许多相互作用都涉及捕食。蜘蛛捕食想要吃花蜜的蜜蜂，红隼捕食正在吃草籽的田鼠。生态学家研究这种摄取食物的模式，以了解在一个生态系统中的能量是如何流动的。

能量角色

　　你参加学校乐队的演奏吗？如果是，你就会知道每一种乐器在演奏一首曲子时都会起到一定的作用。比如，长笛吹出旋律，而鼓则打出节奏。

图31

尽管这两种乐器差别很大，但它们在乐队演奏的乐曲中都扮演了重要的角色。同样道理，每一种生物在生态系统的能量流动中都扮演着各自的角色，这个角色是生物小生境的一部分。红隼（图31）的角色与它所栖息的那棵大橡树所扮演的角色是不一样的。但是，生态系统的所有成员，像乐队中的所有乐器一样，都是生态系统正常运行所必需的。

一个生物体的能量角色是由它如何获得能量，以及如何与生态系统中的其他生物相互作用所决定。在一个生态系统中，生物扮演的能量角色有三种：生产者、消费者、分解者。

生产者 能量首先是以阳光的形式进入大多数生态系统的。一些生物，如植物（图32）、藻类和某些微生物能够利用阳光，并将其能量以食物的方式储存起来。如这些生物利用阳光

图32

将水和二氧化碳合成为糖和淀粉等有机分子。这一过程就是光合作用。

能自己制造食物的生物称为生产者。生产者是生态系统中所有食物的来源。比如，草和橡树就是田野生态系统的生产者。

在少数几个生态系统中，生产者不是通过阳光来获取能量的。在地下极深的岩石中发现了这样的一个生态系统。这些岩石从来没暴露在阳光下，那么能量是如何被带入这一生态系统的呢？生活在这一生态系统中的一些细菌，能够通过利用它所处环境中的天然气、硫化氢中的能量生产自己的食物。

消费者 除了生产者，生态系统中的其他成员都不能自己生产食物，这些生物都依靠生产者而获得食物与能量。以其他生物为食的这些生物就是消费者。

消费者是根据其所吃食物来分类的。只吃植物的消费者称为食草动物，比较常见的食草动物有毛毛虫（图33）、牛、鹿等。只吃动物的消费者称为食肉动物，狮子、蜘蛛和蛇都是食肉动物。既吃动物又吃植物的消费者称为杂食动物，乌鸦、山羊和人都是杂食动物。

有些食肉动物以腐烂了的动物尸体为食，称为食腐动物。食腐动物包括鲶鱼和秃鹰等。

图33

分解者 如果生态系统中只有生产者和消费者，那会出现什么情况？随着生态系统中的生物不断地从周围环境中吸取水、矿物质和其他原料，这些物质在环境中会越来越少，如果这些物质是不能循环的，那么新的生物就无法生长了。

生态系统中的所有生物都会产生废物，并最终都会死亡。如果这些废物和尸体没有以适当方式从生态系统中去除，它们就会堆积起来，直到盖没所有的活生物。分解废物、生物尸体，并将组成生物的原料重新回归环境的生物就是分解者。主要的两类分解者是细菌和真菌（图34），例如霉菌和蘑菇。在获得孳生所需能量的同时，这些分解者也将小分子物质回归周围的环境中，这些小分子物质可以被其他生物重新利用。

图34

食物链和食物网

我们已经知道，大多数生态系统的能量来源是阳光，并由生产者将其转化为糖和淀粉等有机分子。这些能量被转移到以生产者为食的每一种生物中，然后又转移到以这些为食的消费者（食草动物）的其他生物中。生态系统中的能量流动能够用称为食物链或食物网的图显示出来。

图 35

食物链指生物为获取能量而捕食其他生物所发生的一系列关系。食物链的第一种生物总是生产者，例如田野里的草（图 35）。第二种生物是指以生产者为食的消费者，称为初级消费者，田鼠就是初级消费者。接下来是次级消费者，它是以初级消费者为食的。

食物链显示了生态系统中能量流动的可能路径。但是就像你不会每天都吃同一种食物一样，生态系统中的生物也是如此。大多数生产者和消费者是许多条食物链中的组成部分。更真实地显示生态系统能量流动的方法就是绘制食物网，一张食物网包含了生态系统中许多相互交叉的食物链。

探索食物网

能量金字塔

当生态系统中的某一种生物吃食时，它就获得了能量。这些生物利用所获得的能量的一部分来运动、生长、繁殖和进行其他生命活动，这意味着食物网中下一级的生物仅能利用上一级的一部分能量。

能量金字塔能够显示出食物网中从一个食物层流向另一个食物层的能量的数量，每一层中的生物需要使用一部分能量来进行生命活动。在生产者这一层，可利用的能量最多。在能量金字塔中，上层可利用的能量总是比下层可利用的能量要少。能量金字塔的形状是底部较宽而顶部较窄。

总的来说，食物网中只有 10% 左右的能量能够从下层向上一层转移，其余 90% 的能量被生物体的生命活动消耗了，或者以热的形式消失在环境中。正因为这样，大多数的食物网只有 3～4 个食物层。因为每一层都要消耗掉 90% 的能量，所以不可能有足够的能量来支撑更多食物层。

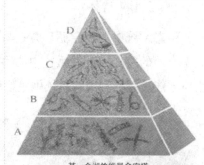

某一个湖的能量金字塔
A．第一营养级 B．第二营养级 C．第三营养级 D．第四营养级 如果把各个营养级的生物个体的数量关系，用绘制能量金字塔的方式表示出来，是不是也呈金字塔形？如果是，有没有例外？

图36

但是，处在能量金字塔（图36）较高食物层上的生物消耗的能量，并不比较低食物层上生物所需的能量少。因为每一食物层消耗的能量太多了，所以在生产者这一层的能量数量就决定了生态系统能够承载的消费者数目。通常处于食物网最高层的生物是很少的。

物质循环

在成堆的已经压扁的汽车被送入巨大的压缩机之前，废品厂的工人们早已将其中的许多零部件拆走了，其中的铝和铜也被卸下来重新循环利用。然后回收厂就要回收汽车车身的钢铁了。地球上的铝、铜和铁的资源都是有限的，回收旧汽车（图37）是重新利用这些金属的一个方法。

图37

物质回收循环

生态系统中的物质循环方式与旧车回收方式相类似。与生产汽车的金属是有限的一样，生态系统中的物质供应也是有限的。如果生态系统中的物质不能被循环利用，系统中生物所必需的原料就会很快耗尽。

图38

另一方面，能量是不能被循环利用的。就像你必须持续地给汽车供应汽油一样，生态系统也必须不停地从外界获取能量，这能量通常是太阳光。汽油（图38）和太阳能都不能被循环利用，它们必须时时供应。

能量进入生态系统以后，从生产者流向消费者，再流向分解者。相比之下，物质则可以在生态系统中反复循环。生态系统中的物质包括水、氧气、碳、氮和许多其他物质。要理解这些物质怎样在生态系统中循环，你需要先掌握一些描述物质结构的基本术语。

物质是由称为原子的粒子组成的。两个或两个以上的原子通过化学反应聚在一起，形成分子。比如，一个水分子中包含了两个氢原子和一个氧原子。在这一节里你将学到主要的物质循环：水循环、碳氧循环和氮循环。

水循环

你怎样才能确定太阳系的其他行星上是否也有生命？科学家们寻找的证据之一就是水。这是因为水是地球上所有活细胞中最常见的化合物。我们也知道水是生命活动所必需的。

水通过水循环得以重复利用。水循环（图39）是指水在地球表面和大气间持续不断的运动过程。水循环由蒸发、凝结和降水等过程组成。

蒸发 液态水吸收能量变成气态的过程就叫蒸发。在水循环中，液态水从地球表面蒸发，形成大气中的水蒸气，水蒸气也是一种气体。蒸发主要来自海洋和湖泊表面。蒸发所需能量来自太阳。

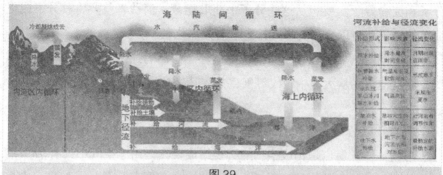

图 39

部分水蒸气是由生物释放的。比如，植物通过根系吸收水分，通过叶了释放水蒸气。又如你在喝水和吃东西的时候摄入水分，然后通过排泄排出液态水，通过呼气呼出水蒸气。

凝结 形成大气中的水蒸气以后又会怎样呢？随着水蒸气在大气中越飘越高，它会慢慢变冷，当温度降到一定的程度，水蒸气就会变成小水滴。物质由气态转变为液态的过程就叫凝结。这些小水滴积聚在空中的灰尘微粒周围，最终形成云。

图 40

降水 随着凝结的水蒸气越来越多，云中的水滴变得越来越大，越来越重。最终，较重的水滴以降水的形式落回地面，如雨、雪、雨夹雪和冰雹等。大部分的降水落回海洋和湖泊。落到地面的降水可以渗入土壤层，形成地下水，或者流过地面，最终流入河流（图 40）回到海洋。

碳和氧的循环

生命活动所必需的两种化学元素是碳和氧。这两种元素的循环过程是联系在一起。碳是组成生物体的主要物质，它在大气中主要以二氧化碳的形式存在。生产者通过光合作用从大气中吸收二氧化碳。在这一过程中，生产者利用二氧化碳中的碳生产出其他形式的含碳分子，这些分子包括糖分子和淀粉分子。要想从这些分子中获取能量，消费者就要将其分解成更简单的分子，再以废物的形式排出水与二氧化碳。

与此同时，氧气也在生态系统中循环。生产者通过光合作用释放出氧气，而其他生物从大气中吸收氧气，并在其生命活动中利用它。

氮循环

与碳一样，氮也是构成生物的必要组成要素。由于空气中约有78%的气体是氮气，你可能会认为对活生物来说获得氮是很容易的。然而，大多

图41

数生物不能利用空气中的氮气。氮气被称为游离氮，意思是它没有与其他种类的原子结合。大多数生物只能利用被"固定"的氮，或是与其他元素结合形成的含氮化合物。

固氮 将游离态的氮气转变成可供植物利用的氮，这一过程称为固氮。大多数固氮由某些细菌来完成。其中有的细菌生活在某些植物的根瘤中，称为根瘤菌（图41）。豆科类植物，如三叶草、大豆、豌豆、紫苜蓿和花生等，都有这样的根瘤。

许多农民利用豆科类植物中的固氮细菌来肥沃土壤。每隔几年，农民就会在地里种植豆科类植物，如紫苜蓿（图42），而紫苜蓿根瘤中的细菌就会增加土壤中的氮化合物。来年，在此田地里种植新的庄稼，就能从这改善的土壤中获得好的收成。

环境中的氮回归 氮一旦以化合物的形式固定下来，生物就能用它来制造蛋白质和其他复杂物质。分解者可以将这些在动物粪便和生物遗体中的复杂物质分解，这可以使简单的含

图42

氮化合物归入土壤中。氮可以在土壤与生产者、消费者中循环多次，在有些情况下，细菌也会将氮的化合物彻底分解，向空中释放出游离态的氮。于是，循环又重新开始了。

生物地理学

想象一下当欧洲探险家第一次看见澳洲动物时是怎样的一种感觉。与他们所熟悉的牧养动物，如马、鹿等不同的是，他们看到了有长长尾巴的巨大兔子；凝视桉树的树枝，探险家们看到了貌似小熊，又无尾的树袋熊（图43）；又有谁想到有一种会生蛋的动物居然有像海狸一样的尾巴、

图43

图44

鸭子一样的嘴巴和厚厚的皮毛呢？你现在可以明白，为什么人们第一次听到探险家们述说鸭嘴兽时，都认为他们是在撒谎。

生态学家对澳洲的植物和动物都存在许多疑问。为什么从来没有人在欧洲看到过袋鼠、桉树或树袋熊？为什么在澳洲没有驯鹿、骆驼（图44）和大猩猩？

世界不同的地方生活着不同的物种。研究生物生存地的学科是生物地理学。

大陆漂移

生物地理学家除了研究现在各种物种生活在哪里以外，还研究这些物种是怎样散布到地球上不同地域的。影响物种分布的一个因素是地球大陆漂移。各大陆都是漂浮在炽热、浓稠液体上的巨大岩石块。大陆之间的极其缓慢的移动称为大陆漂移。

约2.25亿年前，所有的大陆都靠在一块，但经过几百万年的缓慢漂移，它们开始分离了。看看今天的地球，很难让人相信，印度曾经和南极洲紧邻，欧洲大陆与北美大陆原来是连在一起的。

大陆漂移对物种分布产生了十分重大的影响。比如澳洲（图45），1亿多年前，澳洲漂离其他大陆板块，世界上其他地方的生物就不可能来到这孤立的大陆岛上。袋鼠、树袋熊和其他一些独一无二的物种就在这种孤立的环境中流传下来了。

图45

散布的方式

生物从一个地方向另一个地方转移叫散布。生物散布有多种不同的方式，散布可以由风、水或生物（包括人）而引起。

风和水　许多动物通过行走、游泳或飞行等方式到达新的居住地，但是植物和小动物则需要其他辅助方式才能从一个地方移动到另一个地方。风就给种子、真菌的孢子、小蜘蛛等提供了途径。同样，水可以运载能漂浮的物体，比如可可果和树叶，昆虫和小动物或许可以"免费"搭乘这漂浮筏子到达新家。

其他生物　一些生物也可以通过其他生物散布开来。比如，金翅雀（图46）可能在一个地方吃了一些种子，

图46

SHENGTAI HUANJING QISHILU

然后这些种子又夹杂在它的粪便中排泄到其他地方。缠在鸭子脚上的水藻或鱼卵或许会被带到别的池塘中去。如果你家的猫或狗带着许多黏黏的植物绒毛回家，你应该知道这是种子散布的另一种方法。

人对一些物种的散布也起到了重要的作用。当人们在世界各地迁移时，他们也会带着动物、植物和其他生物。有时是有意识的，比如要将马匹带到新的定居点。有时又是无意识的，比如某人将寄生虫带到了另一个国家。

在某一地方自然进化形成的物种，称为本地物种。当一种生物被带到一个新的地方，它就被称为外来物种。有些外来物种在新的环境中已十分常见，以至于人们会误认为它是本地物种。比如，蒲公英（图47），它是北美洲最常见的植物之一。但实际上，它不是本地物种，而是被殖民者带来的。他们当初认为蒲公英的叶子可以食用，或可以做药。

图47

散布的限制

由于有那么多散布途径，你可能认为同一生物会在世界各地都能找到。然而，事实并不是这样的。为什么？难道物种的散布有什么限制条件吗？限制物种散布有三个因素：自然障碍、竞争和气候条件。

自然障碍 像水域、山脉（图48）、沙漠这些自然障碍是很难逾越的，这些自然障碍都限制了生物物种的散布。比如，当澳洲与其他大陆分离以后，海洋就成为物种散布的障碍。其他大陆的生物物种很难传播到澳洲，澳洲大陆的物种也很难从澳洲传出来。

图48

竞争 当一种生物进入一个新的地域时，它必须和那里已有的物种争夺资源。为了生存，这些生物必须找

第一章 生态系统与生物群落

到一个独一无二的小生境。如果已经存在的物种很繁荣的话，它们可能比新物种更有竞争力，在这种情况下，竞争就成为散布的障碍。可是，有时候，新物种比原物种更有竞争力，原物种就会被新物种所取代。

气候　气候是指一个地区在很长一段时间内的典型天气模式。气候与天气不同，天气是指一个地区每一天的状况，气候主要是由温度和降水决定的。

不同的气候也是物种散布的一个自然障碍。比如，山顶的气候与山脚的气候就有极大的差别。山脚下的气候温暖、干燥，生长着矮小的灌木和

图49

仙人掌。但是沿着山坡向上，通常就生长草类了。再向上一点，气候变得更冷更湿，大的树木，比如松树、橡树和冷杉就能生长了。有些松鼠（图49）就生活在这个区域。气候的差异成了阻碍松鼠扩大生存空间的障碍，使其只能生活在山坡的这一高度上。在接近山顶的地方，非常寒冷，而且风很大。这里生长最好的是矮小的高山野花和苔藓。

气候比较相似的地区通常给各物种提供了较为相似的小生境。比如许多大陆都有面积较大的平坦草原，这些大草原上放牧的食草哺乳动物都十分相似。北美洲草原上较大的食草类哺乳动物是北美野牛，非洲主要是角马和羚羊，澳洲则是袋鼠。

地球上的生物群落

生物群落（biome）是指有相似气候和生物的一组生态系统。

将所有生态系统按生物群落分类，可以帮助生态学家描述这个世界。

可能你会想到，并不是所有的生态学家都认同已知生物群落的精确数量和种类。指导你们考察的科学家已经着重选择了 6 种主要的陆地生物群落和 2 种主要的水域生物群落。

图 50

出行前请务必整理好你的行装，你的行程将从寒风凛冽的北极冰原到水气蒙蒙的热带雨林（图 50）。实际上，通常某一地区的气候条件——温度和降水量，决定了它的生物群落类型。这是因为气候限制了该地区的植物分布，而植物的类型决定了生活在那里的动物种类。

雨林生物群落

环球考察的第一站是赤道附近的热带雨林。雨林不但炎热而且潮湿，实际上那里时时有倾盆大雨。幸运的是，你没忘记带上雨衣。在一阵阵雨过后，太阳又出来了，尽管阳光灿烂，但穿过浓密的植被层的阳光还是很少。

图 51

雨林中层层叠叠到处是植物。你可以看到蕨类（图 51）、兰花类、藤本类植物等从树枝上挂下来，甚至直接长在其他植物上。在茂盛的植物中间生活着许多种色彩鲜艳的鸟儿，它们就像你身边的无数花朵。

热带雨林　热带雨林位置在赤道附近的炎热地区。热带雨林的典型特征是多雨。炎热的温度一年到头变化不大，终年光照也相当稳定。

热带雨林中物种多得惊人。比如，科学家研究了某一地区雨林中 100 平方米的范围，找到了 300 种不同种类的树木。这些树木形成了几个不同的层次，高大的树形成一个顶层称为林冠，有一特别高大的树木会从林冠中脱颖而出。在林冠的下面是下层林木，这一层的树木稍微矮一点，也包

图52

括一些藤本植物（图52）。这层中的植物在林冠层形成的树荫里生长良好。再往下，还有些植物在树林的近乎黑暗的底层中茂盛地生长着。

丰富的植物为动物提供了许多栖息地。热带雨林中到底有多少种昆虫至今还是个未知数，但估计有近百万种。这些昆虫供养了种类繁多的鸟儿，这些鸟类又供养了其他种类的动物。虽然地球上热带雨林面积只占了很小的一部分，但它们包含的动植物物种可能要比世界上其他所有陆地生物群落中的物种加起来的总和还要多。

温带雨林 美国西北部大陆的沿海岸线地区，气候在某些方面与热带雨林有点相似，这一地区每年降水最大都在3000毫米以上。那里长有一些大树，包括雪松、红木和花旗松，但是很难给这一地区归类，它距热带雨林北缘很远，而且比热带雨林冷得多。于是许多生态学家将这一生态系统称为温带雨林。

沙漠生物群落

环球考察的第二站是沙漠。那里与你刚离开的热带雨林有着天壤之别。从汽车上下来，就进入了酷热的夏季。在中午，你甚至不能在沙漠上行走，因为沙子就像你家浴室热水龙头中的热水那样烫。

沙漠中的年降水量少于250毫米，而水蒸发量远大于降水量。有些极干燥的沙漠，甚至一年内滴水未降。沙漠中一天的温差通常很大，像纳米比亚沙漠这样灼热的沙漠，每当太阳下山后温度会很快降下来。其他的沙漠，如中亚的戈壁沙漠会冷得更快，在冬天甚至会达到冰冻的温度。

生活在沙漠中的生物既要适应缺水状况，又要适应温差大的恶劣条件。例如，树形仙人掌的枝干上有类似手风琴的褶皱一样的折叠。下雨时，仙人掌的枝干就能储存更多的水分。沙漠中的许多动物都是在晚上出来活动的，这时温度稍微低一点。比如钝尾毒蜥（图53）大部分时间呆在凉爽的地下洞穴中，它可以在地底下连续呆上好几个星期。

草原生物群落

图53

环球考察的下一站是大草原。这里的气温要比沙漠里舒服许多。微风带来被太阳烤过的泥土的清香，这片肥沃的土地上长满了像你一样高的牧草。麻雀在草茎间飞来飞去，寻找着下一顿美餐。受到你脚步声的惊吓，一只兔子逃得无影无踪。

与中纬度地区的其他草原一样，大草原上的降水量要多于沙漠上的降水量，但是这些降水量还不足以生长树木。草原地区年降水量在250～750毫米之间，生长着典型的草类和其他非木本类植物。靠近赤道的草地称为热带草原，那里的年降水量都大于1200毫米。在热带草原上

图54

与草类一起还生长着灌木和小树。

草原是地球上许多大型食草动物的家园，如野牛、羚羊、斑马（图54）、犀牛，长颈鹿和袋鼠。在牧养这些大型食草动物的同时，草原自身也得到了保护。大型食草动物限制了小树和灌木的生长，避免小树、灌木与牧草争夺水分和阳光。

落叶林生物群落

环球考察的下一站将带你到另一片森林中去。现在是夏末时节，早晨凉爽，白天仍很炎热。环球考察的一些成员正在忙着记录不计其数的物种。其他一些成员正拿着双筒望远镜，寻找树上正在唱歌的鸟儿。你小心地在林地上走着，以免踩到蜥蜴。金花鼠一受到惊扰就在远处叫个不停。

你现在正处于落叶林生物群落中。这里的树木称为落叶，每年都会落

叶，来年再长新叶。橡树和枫树是典型的落叶树。落叶林地区年降水量至少为 500 毫米，足以供给树木及其他植物的生长。这里一年中的气温变化鲜明。树木生长的季节大约是 5 ~ 6 个月。与热带雨林一样，这里不同的植物有不同的高度，从高大的林冠层到林地上的小蕨类植物和苔藓。

图 55

森林里各种各样的植物也创造了许多不同的栖息地。同学们可以注意一下，不同种类的鸟儿可以在树林的不同层面中生活，吃其中的昆虫和果实。你可以观察到负鼠、老鼠和臭鼬在地上厚厚的霉烂树叶中寻找食物。在北美洲落叶林中其他常见的动物还包括鸫、白尾鹿和黑熊（图 55）。

如果你到冬天再回到这一生物群落，你就看不到现在这样多的动物了。许多鸟类都已迁徙到温暖的地区去了，一些哺乳动物进入冬眠状态，以减少能量消耗。哺乳动物在冬眠期间，依靠储存在体内的脂肪生存。

北方针叶林生物群落

现在，环球考察要向北方更冷的气候区域进发。考察队长声称他能够用嗅觉辨别出下一站是北方针叶林生物群落。当到达目的地时，你看到的是一片云杉（图 56）和冷杉树包裹的山坡，感受到的是初秋寒冷的气息。你得取出旅行包里的茄克衫和帽子穿戴好。

这个森林里生长着针叶树，它们会结出球形的果子，有像针一样的叶子。这里的冬天是非常寒冷的，年降雪量所达到的积雪是你身高的 2 ~ 3

图 56

倍。但那里的夏天还是温暖多雨的，可以将所有的雪都融化掉。

能够适应北方针叶林生物群落的树木数量很有限。冷杉、云杉和铁杉是最常见的树种，因为它们厚厚的表面光滑的针形叶能够防止水分的蒸发。由于这个地区一年当中有很长时间水结成了冰，所以，防止水分蒸发是北方针叶林树木必要的适应条件。

北方针叶林中的许多动物以针叶树的果子为食。这些动物包括红松鼠、昆虫以及鸟类，如金翅雀和山雀。一些食草动物如箭猪（图57）、鹿、麋鹿、驼鹿和河狸是以树皮和嫩芽为食的。北方针叶林中种类繁多的食草动物也供养了许多大型肉食动物，包括狼、熊、狼獾、猞猁等。

图 57

苔原生物群落

当到达环球考察的下一站时，猛烈的风会吹得你流泪。现在的季节是秋天，刺骨寒风使每个成员立即感受到了苔原生物群落的气候特点。苔原生物群落区极度寒冷、干燥。看到深深的雪层，许多人都会觉得奇怪，因为苔原地带的降水量与沙漠一样少。苔原地带的许多土地是终年冰冻着的，称为永冻层。在短暂的夏天，苔原地带的上层土壤会解冻，下层土壤则依然是冰冻着的。

图 58

苔原地带（图58）的生物包括苔藓、草类、灌木和少量的矮树（如柳树）。放眼四望，大地呈现出棕色和金黄色，这表明短暂的生长季节已经结束了。这里的许多植物都是在夏日长长的光照时间里生长的。这里夏季每天光照时间特别长，气温也是全年中最高的，在北极圈以内的地区，仲夏的太阳是不落的。

图 59

如果你曾经在夏天游览过苔原地带，你记得最清楚的动物可能是昆虫。大群的黑蝇和蚊子给许多鸟类提供了食物。这些鸟类也是充分利用这一时期大量的食物和长长的白天，尽量地多吃。冬天到来时，许多鸟儿又都迁徙到温暖的南方去了。

苔原地带的哺乳动物有驯鹿、狐狸（图59）、狼和野兔。这些动物在冬天会换上厚厚的毛，所以仍然能够呆在那里。那么，冬天苔原上的这些动物以什么为食呢？驯鹿会挖开雪层寻找地衣，地衣是生长在岩石上的真菌和藻类。狼则追踪驯鹿，捕食其中的弱小者。

山脉与冰原

地球陆地上还有一些地方不属于上述几个主要陆地生物群落的任何一个。这些地区包括山脉与覆盖着厚厚冰层的冰原。

你已经知道，从山脚到山峰之间气候条件是会变化的。在山上的不同地方生长着不同种类的植物，栖息着不同的生物。如果你徒步攀越一座高山，你会路过一系列的生物群落。在山脚下，会看到草原；再爬上一点，会看到落叶林；再向上，会看到北方针叶林；最后接近山顶时则看不到树木了，你的周围与长着草皮的苔原地带很相像。

地球上有些陆地终年覆盖着厚厚的冰层。格陵兰岛的大部分地区和南极洲大陆就属于这一类。有些生物能够适应冰上的生活，如企鹅、北极熊和海豹。

淡水生物群落

环球考察的下一站是水生生物群落。由于地球表面有近 3/4 的面积被水覆盖，所以人们不会对许多生物安家于水中感到惊奇。水生生物群落包括淡水生物群落和海洋生物群落，它们都受同样的非生物因素影响：温度、光照、氧气和盐度。

对水生生物群落而言，特别重要的因素是阳光。阳光对水中植物的光合作用与陆上植物一样是必需的。然而，因为水会吸收阳光，只有接近水面或在浅水中才有足够可以进行光合作用的阳光。在水生生物群落中最普通的生产者是藻类。

图 60

池塘与湖泊 水生生物群落的第一站是平静的池塘（图60）。池塘和湖泊是静止的淡水水体。湖泊通常比池塘大而深。池塘常常较浅，即使在池塘的中央，阳光一般也能够到达底部，能让植物在那里生长。有些植物沿着池塘边缘生长，它们的根系生长在土壤中，而叶子却伸到阳光能照到的水面上。在湖泊的中央，水面上漂浮的藻类是主要的生产者。

许多动物都适应静水中的生活。沿着池塘边，你会看到昆虫、田螺、蛙类和蝾螈（图61），翻车鱼生活在水面的上层，以昆虫和水面上的藻类

图 61

为食。食腐动物生活在池塘底部附近。细菌和其他分解者也是以其他生物的遗体为食的。

溪流和河流 当你来到山涧溪流时，你马上会觉察出它与湖泊中静止的水体有些不同。溪流开始的地方称为源头，这些寒冷、清澈的水流得很快。生活在这一水域中的动物必须适应湍急的水流。如鲑鱼拥有流线型的身体，在急流的冲击下仍然能够游泳。昆虫和其他小型动物依靠自身的吸盘或钩子紧紧贴在岩石上。因为植物或藻类很少能在急流中生存，初级的消费者只能依靠落入水中的植物叶子和种子来生存。

溪水在向下游流动中，会汇入其他溪流。水流渐渐变慢，水体也会由

于带着泥沙而变浑浊。由于流速缓慢、温度较高，水中所含的氧气较少。有一些生物可以适应在这一段河流的这一流速缓慢的部分中生活。很多植物在河床的鹅卵石堆中扎根生长，为昆虫和蛙类提供了美好的家园。就像每一个生物群落一样，只有适应这一特定栖息地环境的生物才能生存。

海洋生物群落

接下来考察队成员要去的是一些海洋生物群落。海洋中有许多不同的栖息地，这些栖息地中光照、水温、波浪强度和水压都是不同的。不同的生物能够适应不同栖息地的生活环境。

图 62

河口湾　第一种栖息地是河口湾，它位于河流的淡水与海洋水相接的地方。由于水体浅，阳光充足，加上由河流带来的大量营养物质，使得河口湾成为许多生物的栖息场所。河口湾地区的主要生产者是植物，如沼泽中的草类，还有水中藻类。这些生物为一系列的动物提供了食物和住所，比如螃蟹（图62）、螺丝、蛤、牡蛎和鱼类。许多生物还将河口湾平静的水域作为繁殖的基地。

潮间带　接下来，你们要沿着岩石海岸线行走。海岸线上最高潮位线与最低潮位线之间的部分就是潮间带。生活在这里的生物必须能够经受住波浪的强烈冲击，温度的突然变化，以及时而在水中时而暴露在空气中的巨大反差，这是一个很难生存的地方。你能看到许多动物，比如吸附在岩石上的藤壶和海星。其他的动物，如蛤、螃蟹则居住在沙滩的洞穴中。

浅海带　现在该向海洋出发，去考察近岸浅海水域了。我们将分小组乘坐考察船考察下一个类型的海洋栖息地。大陆的边缘像一个板架向海洋延伸一小段距离，在最低潮位线的下方是一个浅水区域，称为浅海带，蜿蜒于整个大陆架。与淡水生物群落一样的是，这一地带中的浅水区是适宜进行光合作用的。因此，这一区域的生物十分丰富。许多大鱼群，如沙丁鱼（图63）

图 63

图 64

和鲲鱼就是靠这一地带中的海藻生活的。在热带的温暖海域，浅海带可以形成珊瑚礁，虽然珊瑚礁可能看起来像石头，但实际上它是其他许多生物的家园。

大洋带　在宽广的海洋中，阳光能够穿透水层几百米。漂浮的海藻就在这一层中进行光合作用。这些海藻是生产者，它是形成大洋中所有食物网的基础。其他的海洋生物，如金枪鱼（图64）、剑鱼、鲸都直接或间接地依靠海藻为食。

深海带　深海带位于大洋带中的表层下方。几乎所有的深海带的海底都是一片黑暗，你们需要钻进潜水艇打开前灯来探索这一区域。在没有阳光的地方，生物是如何存活的呢？在这一区域的许多动物都靠下沉的生物遗体生存。深海带的最深处则是那些样子古怪的鱼类的家园，像在黑暗中会发光的大王乌贼和长有一排排锋利牙齿的鱼。

群落演替

在1988年，美国黄石国家公园发生了一场大火，这场火竟然在没有树林的地面蔓延，跳跃式地将树木点燃，瞬间，大树全被这滚滚热浪引燃了，这场大火一直烧了好几个星期才熄灭。这片森林所剩下的只是成千上万翘出

图 65

地面的像炭化的牙签一样的黑色树干。

你可能会想，因为如此灾难性的大火，黄石公园（图 65）可能不会再恢复原貌了。但是几个月以后，这里就有了生命的迹象。最初，小草嫩嫩的绿芽从黑色的土地上冒了出来，然后，小树芽也开始生长了，森林奇迹般地又回来了。

大火、洪水、火山爆发、飓风和其他自然灾害会在短时间内改变一个群落。但是即使没有这些灾难，群落也是在变化的。群落中长时间内发生的一系列明显的变化叫群落演替。这里介绍两种类型的演替，即最初演替和二次演替。

最初演替

最初演替是指先前没有生态系统的一些地区发生的一系列变化。这样的地区可能是由于海底火山喷发形成的一个新岛，或由于覆盖的冰层融化而暴露的地区。

一开始，这里没有土壤，只有火山灰和岩石。能在这里生长的第一批物种称为先驱物种。先驱物种通常是指被风和水带过来的地衣（图 66）和苔藓，这些物种能够在土壤极少或没有土壤的裸露的岩石上生长。随着这些生物的生长，它们会分泌一些物质有助于岩石碎裂，这些植物死亡后，又会给岩石表面已经形成的这一层薄薄的土壤提供肥料。

随着时间的推移，植物的种子会落在新的土壤中并开始生长。所生长的植物种类则由该地区的生物群落所决定。比如，在寒冷的北方地区，早期的幼苗可能是赤杨和三角叶杨。随着土壤的老化和肥沃，这些树木可能

图 66

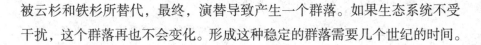
被云杉和铁杉所替代，最终，演替导致产生一个群落。如果生态系统不受干扰，这个群落再也不会变化。形成这种稳定的群落需要几个世纪的时间。

二次演替

美国黄石国家公园大火之后发生的变化就是二次演替的典型例子。二次演替是指已经存在的生态系统在遭受破坏之后发生的一系列变化。具有这种影响的自然灾害包括火灾（图67）、飓风和龙卷风等。人类的活动，如农业生产、伐木和采矿也可能会破坏生态系统。与最初演替不同的是，二次演替所发生的地区先前已经有生态系统存在。

图67

在某种程度上说，二次演替的发展要比最初演替更快些。

生物多样性

没有人能清楚地知道地球上到底有多少种生物。到目前为止，已发现的生物种类超过了170多万。一个地区不同物种的数量称为生物多样性。想要估计整个地球的生物多样性是非常困难的，因为很多区域还没有经过彻底的调查研究。一些专家认为，仅在大洋深处就可能有1000万个新物种。今天，保护生物多样性已成为一个主要的环境问题。

影响生物多样性的因素

在地球上，生物多样性因地而异。在一个生态系统中，影响生物多样性的因素包括地区、气候和小生境的差异。

地区　在一个生态系统里，大地域中的生物种类要比小地域多。举例来说，假设你要计算一个森林中的树种，你会发现，在一个10平方米面积内的树木种类比1平方米面积内多。

气候　总的来说，从南北两极到赤道，生物的种类在增加。拉丁美洲、东南亚和非洲中部的热带雨林是世界上生物种类最丰富的地区。这些森林覆盖的面积占地球表面积的7%，包含了世界上全部生物种类的50%以上。

热带地区巨大的生物种类的形成原因还没有完全为人们所了解，许多科学家估计可能与气候有关。比如，热带雨林地区常年温度较高、雨水充沛，这一地区的许多植物一年四季都在生长，这意味着其他的生物在整年里都可以得到食物。

图68

小生境的多样性　珊瑚礁所占的海洋面积不到1%，但它却是世界上20%的海洋鱼类的栖息地。珊瑚礁是世界上物种第二丰富的生态系统。只能在温暖的浅水中生长的珊瑚礁常常被称做海洋中的热带雨林。珊瑚礁（图68）可以为生活在礁底、礁内、礁与礁之间的生物提供不同的小生境，这使得生活在珊瑚礁中的物种比在单一的栖息地，如平坦的沙洲中要多。

生物多样性的价值

可能你会觉得奇怪，生物多样性有什么重要的呢？在遥远的热带雨林中有50种还是5000种蕨类有什么关系呢？有必要保护每一种蕨类吗？

有许多理由可以说明为什么保护生物多样性是重要的，其中最简单的理由是，生物和生态系统是一种美的和休闲的资源。

经济价值　许多动物、植物以及其他生物对人类的生存十分重要。除了为人类提供食物和氧气，其他生物还提供了制造衣物、药品和其他产品

的原材料。没有人知道究竟还有多少有用的生物资源没被发现。

生态系统也有巨大的经济价值。例如，现在很多公司开展了野生动植物的观光业务，包括热带雨林、热带草原、高山峻岭以及其他地区。生态旅游为很多国家提供就业岗位，增加收入，如巴西、哥斯达黎加、肯尼亚等。

生态系统的价值 在生态系统中的每种生物都与其他种生物相互联系，一个物种依赖于其他物种提供居住场所和食物。影响一个物种的变化肯定也会影响其他所有的物种。

有些生物起到了特别重要的作用。一个物种如果会对生态系统中其他许多物种的生存产生影响，那么就称这样的物种为基础物种。如果基础物种消失了，整个生态系统就会改变。

基因库的多样性

一个健康种群的生物具有多种多样的特性（特性的多样性）。这些特性是由基因决定的。基因是生物细胞内携带遗传信息的结构，每个生物接受了来自其父母的基因组合。基因决定这个生物的特性，从大小、外形到抗病能力。一个物种的生物具有许多相同的基因，但是同种生物中每个个体也有一些与其他个体不同的基因。这些个体差异组成了该物种的总基因库。

缺少多样化基因库的物种是很难适应疾病、寄生虫或者干旱的。大多数农作物如小麦（图69）、玉米，它们物种的基因几乎没有什么不同，繁

图69

殖也非常单一，如果遭到一种疾病或者寄生虫的袭击，整片作物都会受到影响。一种霉菌就曾以这种方式影响了美国大部分地区的玉米产量。值得庆幸的是，很多野生玉米有一些细微差别的基因，至少有一部分野生玉米含有的基因使它们能对抗菌类。通过杂交或其他方法，科学家们培养出了不受这种菌类影响的玉米。维持一个多样化的基因库有助于这些种类的农作物提高抗病、抗虫和抗灾能力。

物种灭绝

一个物种从地球上消失就叫做物种灭绝。物种灭绝是一个自然过程。从恐龙到渡渡鸟，很多曾经生活在地球上的物种，现在都绝迹了。但是在近几个世纪里，绝迹生物种类的数目正以惊人的速度增加。

一旦生物种群的个体数量下降到一定水平，这个物种可能就难以恢复了。例如，数以亿万计的旅鸽（图70）曾经在美国上空是黑压压的一片，人们为了它的美味或作为一种体育运动，对它们进行了大肆猎杀。虽然猎杀的只是旅鸽总数的一部分，但从某一方面来说，已经没有足够多的旅鸽来繁殖和增加个体数量了。只有当它灭绝了，人们才意识到该物种没有巨大的数量是无法生存的。

图70

在不久的将来可能会灭绝的物种称为濒危物种。在不久的将来可能成为濒危物种的称为受胁物种。在每个大陆和海洋都有受胁物种和濒危物种。有一些是大家熟悉的动物，如非洲黑犀牛。还有一些大家比较陌生，如巴哈马海狸鼠（图71），是一种只生活在少数加勒比海岛屿上的啮齿目动物。

图71

确保这些物种的生存是保护地球生物多样性的一种方式。

物种灭绝的原因

一次自然灾害，如地震或火山，可以破坏一个生态系统，毁灭群落，甚至一些物种。人类活动同样也威胁生物多样性。这些活动包括：毁坏栖息地、偷猎、污染和引进外来物种。

毁坏栖息地　引起物种灭绝的主要原因是毁坏栖息地，即自然栖息地的丧失。这种情况通常发生于森林被砍光用来建镇或作牧场。在草原上耕种或填充沼泽地也会极大地改变原来的生态系统。一些物种可能会由于栖息地的改变而无法生存。

把大的栖息地分割成小的、孤立的碎块，称为分割栖息地。例如，在森林中修建公路会分割生物栖息地，导致树木更易受风暴袭击，植物成功散播种子的可能性变小。分割栖息地对于哺乳动物也非常有害，因为这些动物往往需要大范围地域来寻找充足的食物，在小区域里它们可能无法得到足够的食物，也可能在尝试穿越到其他区域时受伤。

偷猎　对野生动物的非法猎杀和捕捉的行为，称为偷猎。为了取得它们的皮、毛、牙齿、角或爪子，用来制造药物、装饰物、服装、皮带和鞋子，许多濒危动物都遭到了猎杀。

热带鱼（图72）、乌龟和鹦鹉都是很普遍的宠物，人们从生物栖息地将它们非法捕来贩卖以获利。濒危植物可能被非法采掘作为室内观赏植物贩卖，或用来做药物。

生态环境启示录

图 72

污染 有些植物的濒临灭绝是由于污染造成的。引起污染的物质称为污染物，它们可能通过动物饮用的水或呼吸的空气进入动物体内。污染物也可能存在于土壤中，土壤中的污染物被植物吸收以后可以通过食物链在其他生物体内集结。污染物可能导致生物死亡，或降低其免疫力，引起先天缺陷。

图 73

外来物种 在生态系统中引入外来物种可能会威胁生物多样性。几百年前，欧洲航海者最初考察夏威夷的时候，船上有老鼠逃到岛上。由于夏威夷没有老鼠的天敌，老鼠繁殖得很快。它们吞吃夏威夷雁的蛋。为了保护这些雁，人们从印度引进了獴来帮助控制老鼠的数量。不幸的是，獴（图 73）更喜欢吃雁蛋，而不喜欢吃老鼠。由于老鼠和獴都要吃夏威夷雁的蛋，夏威夷雁现在已经濒临灭绝了。

生物多样性的保护

很多人正在为保护世界上的生物多样性而努力。有些人致力于保护个别濒危物种，像大熊猫或是灰鲸。也有些人正在努力保护整个生态系统，像澳大利亚的大堡礁。许多保护生物多样性的计划把科学方法和法律手段结合了起来。

圈养 一种保护极度濒危物种的科学方法就是圈养。圈养是指在动物园或野生动物保护地为动物提供交配繁殖环境。生物学家们悉心照料着这些生物幼体，以提高它们的生存机会。这些幼体随后被放回野外。

圈养对于加州兀鹫来说是唯一的希望。加州兀鹫（图74）是北美洲最大的鸟，由于生存环境被破坏、偷猎和污染使之濒临灭绝。到20世纪80年代中期，野外的兀鹫数量已经不足10只，动物园中也不到30只了。科学家们捕捉了所有的野外兀鹫放入动物园中进行圈养。不久，第一只兀鹫繁

图74

殖成功了。至今，动物园中已有超过100只的兀鹫，有些已被放回野外。虽然这项计划很成功，但是花费了2000万美元。如果用这么大的代价去拯救更多物种，那是不太可能的。

法律和协议 法律在保护濒危物种方面也起了积极作用。有些国家规定贩卖濒危物种及其制品为非法。在美国，1973年濒危物种保护法案禁止进口或买卖濒危、受胁物种制品。为保护濒危物种，这个法案同样需要进一步的修订。美国鳄鱼、太平洋灰鲸以及绿海龟（图75），都是由于法律的保护而开始恢复的物种。

图75

保护野生动物的最重要的国际条约是《濒危物种的国际贸易公约》。1973年，80个国家在这一条约上签字。这个条约列举了近700种濒危物种，规定不能以牟利为目的对其进行贸易。像这样的法律执行起来是很困难的。即使如此，这个条约对于减少偷猎濒危物种，如非洲大象、雪豹、抹香鲸以及大猩猩还是有帮助的。

保护栖息地 保护生物多样性的最有效方法是保护整个生态系统。保护整个生物栖息地不仅保护了濒危物种，还保护了其他的依附物种。

从1872年美国黄石国家公园——世界第一个国家公园建立以来，很多国家已把一些野生动物的栖息地设为公园或保护区。另外，很多私人组

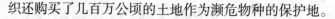

织还购买了几百万公顷的土地作为濒危物种的保护地。

为了更有效地保护生物，保护区还必须有多种生态系统的特性。比如，必须能容纳许多物种，具有多种多样的小生境。当然，还要有新鲜的空气、肥沃的土地和清洁的水源，同时迁走外来物种，并严禁偷猎。

Part 2
被破坏了的生态系统

生态系统的破坏指在一定的时空背景下，生态系统受自然因素、人为因素或两者的共同干扰下，使生态系统的某些要素或系统整体发生不利于生物和人类生存要求的量变和质变，系统的结构和功能发生与原有的平衡状态或进化方向相反的位移。

污染在加剧

人们通常把那些进入栖息环境中的有害物质对生态系统功能的破坏称作污染。这些物质会对一些生物、生物种群乃至整个生态系统产生影响，有些污染物能对整个生物圈产生影响。

污染分天然污染和人为污染。在第一种情况下，污染物的产生是由于诸如火山喷发（图76）、地震、水灾、陨星坠落等自然过程。第二种污染是与人类的各种频繁的活动有关。今天，以第二种方式进入生物圈的污染物极多，大大地超过了天然的污染物。

图76

污染物的影响取决于它的浓度。任何一种污染物，如果它的浓度没有超过某个特定的数值，它实际上是无害的。专家们把这些指标称为MAC，即最高允许浓度。对大多数的污染物都已规定了最高容许浓度。在许多国家，最高容许浓度正在进入由专门的法律确认的国家标准系统。

在现代生态学中，"污染"这一概念的涵义更广了。人们不仅把实际的物质称为污染物，而且把那些在不适当的地点、时间超常量出现在生存环境中的所有物体和现象也称为污染。基于对污染物的这种理解，科学家们把污染分为化学污染（图77）、生物污染、放射污染、电磁污染、噪音污染和热污染。

图77

地球在发烧

　　1997 年 7 月天津出版的报纸《今晚报》报道：近日持续的高温天气，给我们的生产和生活带来了极大的不便，对老年人的健康构成了威胁。据天津各大医院急诊部不完全统计，7 月 15 日、16 日两天内，已有 50 多位老年人因天气炎热中暑引发多种合并症而死亡。

　　几乎在上述同一时间内，《北京青年报》在 1997 年 7 月 17 日报道：今年的夏天北京地区天气异常炎热，7 月上旬北京地区的平均气温达到 29.2℃，比常年高出 3℃，7 月 8 日至 15 日，连续 8 天的最高气温均超过了 35℃，这是自 1943 年以来半个多世纪中所没有出现过的酷热天气。

　　天津炎热，北京炎热，全国大部分地区也都是七月流火，那么世界其他地区的情况又如何呢？据观测统计，1997 年的夏天，在世界许多地区也相继出现了天气异常的现象。热带太平洋的水温在不断升高，从而破坏了东太平洋沿岸的大气环流，使得当地气候反常。例如南美洲的智利，先是遇到了多年不见的干旱天气，农业面临绝收，当人们盼望天降甘霖时，雨真的来了，但这久盼的大雨来势凶猛，久下不停，结果又使智利遭遇了百年不遇的洪涝灾害。在希腊，1997 年 7 月份的气温竟破记录地达到 40℃；日本列岛也被热浪袭击；波兰南部也变成了一片汪洋；酷热和大风毫不留情地猛袭美国中部地区，造成多人死亡。

　　那是一艘远洋货轮（图 78），正在按照人们熟悉的航线执行运输任务。晴朗的天空，蔚蓝的大海，浪花有节

图 78

奏地拍打着船舷，发出"哗哗"的响声。正在甲板上散步的船员突然发现，在远处似乎有一座岛屿在慢慢地移动。这实在令人难以相信，从来也没有发现在这片海域里有岛屿，更不用说有会晃动的岛屿了。连经验丰富的船长对此也大感不解，只好命令轮船加速前进，远远地避开这个会动的"岛屿"。

其实这个晃晃悠悠的"岛屿"早就在科学家的视野之内了，它的一切情况都在人们的掌握之中，它不是什么会动的岛屿，而是冰块——一个奇大无比的冰块（图79）。经航测，这个大冰块的表面积竟高达3000平方千米，其厚度也有300多米。如此巨大的冰块是从哪里来的，又准备到哪里去呢？原来它来自南极，正在大海中毫无目的地向北飘移。我们知道，南

图 79

极自古以来就是一个被冰雪覆盖的大陆，在那里，冰雪终年不会融化，偌大的南极大陆宛如一个被坚冰包裹起来的孤岛。但是，在最近几年来，同样是因为全球变暖的缘故，南极冰山也不再是坚冰一块了，也发生了有史以来的大分裂。我们提到的这块巨冰就是南极冰山的"分裂者"。它脱离了南极大陆，"步履艰难"地游向了大海，开始了它那漫长的"北伐"之行。随着气温的升高，海水的温度也在不断地升高，由于气温的原因，这块巨冰在"北伐"途中又一分为六，其中最大的一块有1000多平方千米。这些冰块露出水面的部分有30～50米不等，藏在水中的部分大约在300米左右。据科学测算，这些冰块在漫长的旅途中会不断地融化，大约需要10年的时间，这些南极冰山的"分裂者"就会全部融化变成海水，而它们化成的水按现在人们水的消耗量计算，足够全世界的人用两个半月。

南极冰山（图80）的分裂和近年来小规模的北移，都不是偶然的和孤

图 80

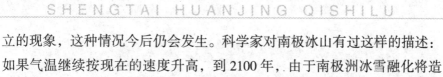

立的现象，这种情况今后仍会发生。科学家对南极冰山有过这样的描述：如果气温继续按现在的速度升高，到 2100 年，由于南极洲冰雪融化将造成海平面升高 650 毫米。到那时世界上的许多岛屿将从此变成不见天日的暗礁，一些国家的沿海城市也会变成真正的海底城市。谁也不会否认，这种前景是非常可怕的。

针对严峻异常的全球变暖的环境问题，来自全世界 60 多个国家和地区的科学家对全球变暖的问题展开了深入的讨论，商定对策，达成共识，提出必须控制住这种发展趋势，以尽早拯救人类自身。

有许多朋友看到这儿可能会问：地球为什么会变得越来越暖和了呢？怎样才能治好地球的"病"，不再让它"发烧"了呢？

大家都知道在冬季，我们为了吃到新鲜的蔬菜，或者在早春育苗，为了对付寒潮的袭击农民便使用玻璃或塑薄膜盖起温室或大棚，在密闭的温室和大棚中，小气候温暖如春，农民便在里面栽培蔬菜或育苗了。为什么温室外天寒地冻，而室（棚）内却温暖如春呢？这是因为玻璃和塑料薄膜能放进来自太阳的短波辐射（可见光、紫外线），对室内和大棚（图 81）内的地面和空气起加热作用；同时又能阻挡地球散热过程中的长波辐射（红外线），因而地表热量难以散失。这样温室里的辐射热量便收大于支，温度就上升了。这就是人们常说的"温室效应"。

图 81

地球的四周环绕着一圈大气，就像温室的大棚一样。所以形象地说，地球是个"大温室"。在地球这个"温室"中，70% 是海洋，5% 是冰川，只有 25% 的陆地。它的温室效应远比玻璃暖房中只有土地和植物的环境要复杂得多。那么，什么是"温室效应"呢？原来，太阳光照射到地球表面，其辐射能量一部分被地球表面和云反射，一部分被大气尘粒和空气分子散射而返回宇宙空间，剩余的部分被地球表面吸收，使地球表面增温。然而大气中存在一些气体，主要是二氧化碳、甲烷等。这类气体不仅吸收太阳

图82

辐射能，同时也吸收地球辐射能，给自己增温，同时也使地球表面的空气温度增高。这种气体长期滞留于大气中，久而久之，地球低层大气的温度将逐渐增高，这就是所谓的"温室效应"（图82）。

温室效应使地球变暖不是一件好事，设在南极的各国科学考察站的科学家们都有一个共同的发现，25年来，南极的气温已升高了1℃，在南极也慢慢地生长出了一些植物。如果南极那片冰封的世界也变成了我们周围的样子，人类将要付出1/3的地方变成汪洋大海的沉重代价。在过去数千年的时间里，地球表面的温度只上升了5℃，就这区区的5℃，就曾导致不少物种灭绝，而从现在起，地球表面的温度再上升5℃只需要60年的时间了。

过去导致地球温室效应形成的主要原因是二氧化碳，但是，随着现代工业的飞速发展，工业所排放出来能够形成温室效应的气体就不单单是二

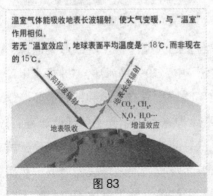

图83

温室气体能吸收地表长波辐射，使大气变暖，与"温室"作用相似。

若无"温室效应"，地球表面平均温度是−18℃，而非现在的15℃。

太阳短波辐射

地表长波辐射

地表吸收

CO_2、CH_4、N_2O、H_2O……

增温效应

氧化碳了。比如汽车尾气中所含的氮氧化物和燃烧中产生的氮氧化物同样也具有制造温室效应的功能。另外，像煤矿、垃圾堆等处产生的甲烷更是制造温室效应的顶尖高手。在实验室里人们发现，甲烷产生温室效应的能力是二氧化碳的300倍。尽管目前产生温室效应的主要气体还是我们生产

中排放的二氧化碳，但在不久的将来，二氧化碳在产生温室效应方面就会退避三舍了，甲烷（图83）将一跃成为头号元凶。

甲烷的产生，主要来自一些像牛一样的反刍动物和像水稻一类的植物。科罗拉多大学的唐纳德·约翰逊估计，一头牛每天排泄 200～400 升甲烷。全世界有牛、羊和猪大约 12 亿头，每天会产生大量甲烷。而水稻这种植物产生的甲烷数量要远大于动物。据科学家估计，按目前甲烷的产生速度，终有一天，甲烷将替代二氧化碳而成为对温室效应"贡献"最大的气体。

1995 年到 1996 年这段时期出现了一个应当列入创记录史册的气候。1996 年 2 月，号称"万物之都"的纽约因遭受了近 50 年来最严重的大风雪，实际上已陷入瘫痪状态。日本下了空前未有的大雪，阿根廷遇到创记录的高温，苏格兰的气温之低创下了历史记录。暴戾的天气还给意大利、印度尼西亚、南非和法国南部带来了洪水。它使澳大利亚的夏季寒冷湿润，奥地利的阿尔卑斯山经历了一段温暖无雪的冬天。由于暴雨如注，至少有 147 人在南非的洪水中丧命。在墨西哥中部，30 厘米厚的大雪把多达 2000 万只定期迁徙的大花蝶（图84）冻死在雪中。

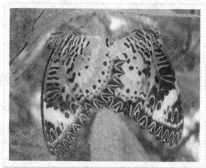

图 84

那么，这一切意味着什么呢？越来越多的科学证据表明，这些均与全球气候变暖有关。全球的气候变暖还是许多气候现象的起因，如 1995 年使加勒比海房倒屋塌的飓风，英国百年不遇的旱灾，美国中西部使 800 多人丧生的热浪，西伯利亚的温暖天气和阿拉斯加的干旱少雪，危害巴西东北部的旱灾，以及巴西南部肆虐的大雨。气候变化是一个缓慢而间歇的过程，但在世界的一些地方，一种气候类型似乎正在逐渐显现出来：夏天变得比平常干燥和炎热了，冬天则更冷更潮湿。

温差相对较小可能带来意想不到的后果。在苏格兰，正常情况下冬天气温不会长时间处于冰点以下，但 1995 年 12 月那里遭到严寒袭击。苏格兰高地（图85）克拉什克村的气温一度曾达到 -29.9℃。这是英国自有记

图85

录以来的最低温度。主要供水管道完全结冰。当气温回升，冰开始融化时水管便裂开了，苏格兰50万户人家处于无水状态。一向青翠繁茂的阿根廷草原1995年也变干枯了，遭受了历史上最严重的旱灾。草原成了一点就着的干柴，在1996年初曾有上万英亩草原起火，且火势无法控制。负责国家公园事务的高级官员费尔南多·阿杜拉说："我们面对的是非常低的湿度、创记录的高温以及眼前降水概率为零的现实。"干旱使该地区的谷物减产大约30%，成千上万头牛因饥饿而死。

不过，反常的天气也给某些人带来了些许乐趣。1996年2月中旬的异常低温使汉堡的阿尔斯特湖（图86）成了大冰场，约有50万人蜂拥而至，在冰上滑行或拉雪橇。在墨西哥中部，许多人因几十年来下的第一场真雪而欢欣鼓舞。而在德国将举行的世界杯滑雪赛却因没雪而不得已取消。

全球变暖的另一后果，将是导致北极、南极的冰雪部分融化，从而使海平面上升。自1920年以来，两极冰雪融化和海平面呈上升趋势，全球平均海平面比过去升高了30多厘米。这不得不引起气象、海洋、农林、环境等部门的关注。有科学家指出，如果目前二氧化碳浓度翻一番，海平

图86

图 87

面将上涨 80 厘米，沿海地区将损失大片良田。目前，世界上生活在距海岸线 60 千米以内的居民约占世界总人口的 1 / 3。如果海平面因气候变暖而上升的话，从曼谷（图 87）到纽约的城市居民和维持世界贸易的港口设施都将受到影响，全世界沿海低洼地区将被海水淹没，数百万的沿海居民将被迫迁居。

在中国的西北、东北、华北等地区，如温度上升 2 ~ 4℃时，土地蒸发将增加 20% 以上，耕地损失 3 亿亩。有的专家指出：中国在海拔 4 米以下的地区已不宜再投资，海拔 1 ~ 2 米的地区还必须制定长期人口迁移计划。

地球不断变暖，会使局部地区出现高热干旱，引发森林火灾。1997 年全球森林火灾严重，就与高热干旱有关。由于冬天该冷不冷，许多农作物的害虫冻不死，就会造成庄稼病虫害大发生，粮食产量下降。同样，该冷不冷，也会使人容易得病。

阿拉斯加（图 88）位于北半球的北部，那里年平均气温很低，但近年由于全球性气温上升，使阿拉斯加的

图 88

森林深受其害。1996年一种虫害大面积发生，约2500万株花旗松枯死。据统计，在过去的20年间，年平均气温上升2℃，受害森林面积达1.2万平方千米，受害林木9000万株。有一种森林害虫以前从产卵到成虫，一般需要两年时间，气温上升后，只需要一年时间，从而导致森林遭殃。

温室效应可能带来的最严重后果是，南北极的冰雪融化，海水增多，海平面上升，使世界上不少桑田变成沧海。如果海平面上升2米，许多海岛将被淹没，世界上30%的大城市变为汪洋一片，其中包括我国的天津、上海，美国的纽约和日本的东京。这是一幅多么可怕的图景啊！

南极冰层是地球的最大"天然淡水贮存库"冰层平均厚度约2000米，最厚的达4000米，总体积有1100多万立方千米，约占全球总冰体的90%，全世界有72%的淡水都集中贮存在这里，含水量和大西洋的海水容量大体相当。假如南极冰层全部融化，可使全球海平面升高50～70米。一直在南极观测考察的一批英国科学家告诫人们说：他们掌握的确切证据表明，1945～1996年以来，南极气温已升高2.5℃，南极半岛在缩小。在过去的40年间，融化的冰层已达41000立方千米。1992年9月至1993年2月，西班牙的78名科学家深入到南极进行了五个月的实地考察，也发现南极的气温在升高，冰层在变薄，冰川在回缩。这年夏天南极的温度比往

图89

年高 5℃，每年消融面积都在 3.2 万平方千米左右。过去被冰雪覆盖的一些大陆也显露出来了。

北极冰川（图 89）自 20 世纪以来，也退缩了约 10 千米。一些美苏科学家预测 10 ~ 20 年后北冰洋将成为不冻洋。看来，南北两极冰层不会融化的看法已为事实所校正。

不仅南北极冰层在融化，而且秘鲁的安第斯山、非洲的肯尼亚山和欧洲的阿尔卑斯山的冰川，经科学家实地考察测量证实也在融化退缩，特别是肯尼亚山顶的积雪有 40％ 已化为乌有。阿尔卑斯山的冰量只有 1850 年的一半，总面积缩减了 30％ ~ 40％。在西藏和前苏联的一些地区的积雪同样也有加速融化的迹象。

海平面上升给人类带来的灾难是十分可怕的。因为，海平面上升 1 米，海岸线就会后退 100 米。世界上大约有 1 / 3 的人口都居住在沿海线 60 千米的范围内，人口稠密，经济发达，交通方面。世界上的 35 个大城市就有 20 个处在沿海和江河入海口附近，中国最大的城市上海也在其中。江河入海口附近的三角洲平原大都是富饶的鱼米之乡，物产丰富，是人类的"大粮仓"。这些地区如果被淹没，无异于给人类当头一棒。联合国气象组织一项报告指出：到 2050 年，全球海平面平均将上升 30 ~ 50 厘米，世界各地海岸线的 70％，美国海岸线的 90％ 将被海水淹没。到 2100 年海平面将上升 1 米，届时，地球上沿海的一些地区将淹没在海水中：尼罗河三角洲（图 90）有 1 / 5 的可耕地将成为一片汪洋；一些沿海城市将不复存在，数以千万计的人将被迫逃离家园，沦为环境难民。世界上一些地质学家也预言：在今后的 200 年中，海平面将上升 6 米多。假若海平面上升 2 米以上，人类苦心经营几百年的沿海名城如伦敦、纽约、威尼斯、东京、曼谷、彼得堡、新加坡、雅加达、达卡、亚历山大里亚、里约热内卢、上海、天津、台北、香港等将从地球上消失，由 2000 多个岛屿组成的岛国——马尔

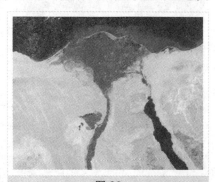

图 90

代夫将长眠海中，200多万居民将葬身大海。沿海富饶的鱼米之乡，当然也逃不脱被淹没的厄运。

有些沿海地区虽然海拔较高，不会因海平面上升而淹没，但海平面上升后，这些地区的海滩和海岸也将受到无情的冲刷。一些沿海地区即是没有被海直接淹没或冲刷，但由于海平面升高，地下水位上升，海水倒灌，将会导致土壤盐渍化，使土质下降，甚至不得不荒弃。中国所有沿海地带都会受到影响，除海水直接淹没或冲刷处，盐渍化土地范围将大面积扩大。

土地是人类生存之母，沿海富饶地区被淹没，地球陆地进一步缩小，众多的人类何处安附？如果海平面真像科学家预言的那样上升，届时直接受海水淹没之害的生态难民将愈3亿之众。

美国气象学家汤普森的预测则更可怕。他说：假如按目前情况恶化下去，到2200年，地球平均气温将比现在高出10℃，到2400年，南北两极大冰块将消失，海洋水平线将猛升76米。地球大片土地将被淹没，只留下少数高山地区，人口将消失90%以上，地球又回到原始时代。

本来正常适宜的气候条件和环境，对于人类的生存发展是必不可少的。进入20世纪以来，气候的异常变化却有增无减地频频发生，对人类的生存发展越来越不利，而且还是疯狂"屠杀"人类的"刽子手"，比两次世界大战中屠杀的人类要多，真是令人毛骨悚然！被人们称之为"超级氢弹"的飓风（图91），就是一个杀人不眨眼的"刽子手"。1991年4月29日

图91

一夜之间就"屠杀"近13万孟加拉国人，肆虐之处80%的房屋被摧毁。就是在第二次世界大战末期，美国投在广岛的原子弹，当时也才屠杀11.9万人。这场特大风灾、洪灾发生之前，当时的联合国秘书长德奎利亚尔在他的关于全球变暖的报告中就预言：飓风和特大洪水将使孟加拉国的1／3地区受灾，结果被应验了。同年台风和暴雨又"屠杀"了巴基斯坦人20多万。据联合国救灾协调专员办事处发表的报告称，全球每年发生的大自然灾害

平均有 444 起，其中 208 起是飓风造成的。飓风"屠杀"人类的数量还在以每年 12% 的速度增加着。

1988 年，美国遭到百年不遇的最大旱灾，使 37 个洲的 1900 个县

图 92

受灾，持续时间长达 3 个月之久，玉米和其他主要农作物大减产，数以万计的牲畜死亡。专家认为，这场旱灾是"温室效应"的一种初期表现。同时预言：由于"温室效应"引起气候变暖，将造成美国盛产小麦的中部大平原（图 92）有可能变成半干旱区或沙漠。美国粮食出口占世界粮食市场出口量的 50% 以上，如果美国的粮食主产区变成半干旱区或沙漠，其后果就可想而知了。

1996 年和 1998 夏季，我国南北河流均发生了比往常严重得多的洪涝灾害，特别是长江中下游沿岸地区发生的特大洪灾，为世界 150 年来最大的水灾，这两年，全国洪涝损失达数千亿元。

由于地球变暖不仅使世界 60% 人口的主食——水稻（图 93）生产受到干旱的威胁，而且还会使农作物生活季节延长，许多害虫在一年中要多繁

图 93

殖 1 ~ 3 代，最终成指数增加，加上大气中的二氧化碳浓度增大后，农作物鲜叶中的营养含量降低，害虫要蚕食更多的叶片才能饱腹，因而危害性更大。这将给农业植保工作带来新的困难，使农作物产量损失更加惨重。据美、英等 18 个国家的农业科学家用三种不同电脑模型预测，全球气候变暖对农业的影响最重要的一个发现是到 2060 年，世界粮食产量约下降 1% ~ 7%，而减产最多的将在发展中国家。联合国环境规划署气候部门协调负责人彼得·厄谢尔 1994 年又警告说：全球变暖，可能导致大规模饥荒，在半干旱的亚热带和地中海大片肥沃土地可能变成寸草不生的风沙侵蚀地区。

同时，由于气候变暖，也将使木材产量下降。气候带的移动，会导致杉木衰亡，生长带退缩到海拔较高的地区，松木也难适应气候变暖的环境。全球气候变暖还使北极的森林虫害泛滥。由于气温上升，使这一地区的云杉害虫齿小蠹（图 94）大量繁殖，目前已有 50 万公顷的森林

图 94

遭到这种害虫的侵袭。仅 1996 年就毁坏树木约 3000 万株。

自然灾害增多给人类造成的经济损失在成倍增加。

据世界卫生组织 1996 年的一份报告说：全球气候变暖预示的不仅仅是超级风暴、洪水和干旱，最大的灾难也许是疾病。未来不久人类有遭新老传染病围攻的危险。由于天气异常炎热，近年疟疾四处横行，与之类似的是气候混乱可能使诸如黄热病、脑膜炎和霍乱之类的古老瘟疫死灰复燃，同时又加快了埃博拉疾之类新出现的疾病的传播。1991 年，霍乱在拉美流行传染 50 万人，造成至少有 5000 人丧生；1994 年，鼠疫在印度爆发，造成损失达 20 亿美元；1995 年，登革热病又在美洲卷土重来，感染了 14 万人，其中 4000 人死亡。

据有关专家考证，在温度较高的时期，昆虫活动范围的放大速度远远大于植物的扩展速度。传播登革热病和黄热病伊蚊（图 95）的生活规律的改变，便充分说明了与气候有关的某些疾病的传播特征。由于温度的限制，过去伊

蚊的生活区一直在海拔 1000 米以下，但近年来专家们却在哥斯达黎加和哥伦比亚海拔 1350 ~ 2200 米的高度也发现了这种蚊子。有关资料表明，在非洲中部，传播疟疾的昆虫生存的海拔高度也提高了。专家们认为，气候决定疾病的传播，而具体天气则决定疾病的暴发，因而将导致疟疾又可能在全球肆虐。

图 95

由于全球变暖、环境污染、饮水和卫生条件恶化等等原因，近 20 年来，新出现的传染病达 30 多种，全世界在 1995 年内，就在 1730 多万人被种种传染病夺去了生命。

由于"温室效应"作用的增强，加速了地球的冷暖变化，打乱了生物原已适应了生存环境条件，将导致生物灭绝。过去 1.8 万年以来，地球气球变化平均还没有超过 2℃，而现在，世界气象组织预测，到 2030 年地球平均气温就将增加 2℃。而"温室效应"加剧的温差变化在 100 年内竟如此明显，这对于某些生物来说是过于短暂和急速了，它们来不及适应变化的环境而无法生存，从而加速了物种的灭绝。人类对气候变化的适应力远不如动物和植物强，历史上曾出现过某些地区性气候变化，就曾使这些地区的人类文化完全灭绝。尽管人类可运用自己拥有的先进科学技术创造恶劣的生存环境条件，但毕竟是对自己生存发展的一大威胁。

沙漠在扩展

沙漠化现象（图96），即沙漠面积扩展的现象，是人类面临的最严重的威胁之一。近年来，沙漠进逼良田的警报从地球的各个角落响起。现在，

生态环境启示录

图96

沙漠的总面积约 2000 万平方千米，并以极快的速度扩大。沙漠在亚洲和美洲、大洋洲和非洲急剧扩展。在里海边的卡尔梅卡地区也出现了沙漠。

在日趋严重的沙漠化现象的原因之中，科学家们首先看重的是人类在整个地球和直接在沙漠地区破坏了生态平衡。

非洲西部萨赫勒地区的居民们受害尤其严重。萨赫勒在阿拉伯语中意思是边界地带，这里指的是世界上最大的撒哈拉沙漠和气候适宜发展农业的地区之间的宽广地带。这片土地经常受到大沙漠热浪的侵袭。萨赫勒的边界是变化的，根据一年降雨量的多少，它会收缩或扩展。近 20 年来干旱现象更加频繁，所以，撒哈拉沙漠在继续可怕的蔓延。每一年撒哈拉沙漠都要在 5000 千米长的地带上向前侵占几米良田。

研究"世界沙漠"的科学家们得出结论，沙土不会无缘无故地侵袭良田。古时候，人们不计后果地开垦撒哈拉沙漠附近的土地，所以，从那时到现在，它的面积扩大了两倍。在离人的住地几百千米的地方，在茫茫的荒漠上，考古学家们发现了坐落在干涸的河床边的史前村庄，刻在岩石上的图形有鱼、水鸟和正在游泳的人们。

今天可以做出一个令人伤感的结论：人类没有很好地吸取历史的教训。萨赫勒地区的现代居民不理智的行为，破坏了沙漠周边大片土地上的脆弱的大自然的平衡，所以，荒沙不断地吞噬着良田。

昆虫在消失

从我们地球的各个地区传来令人不安的消息：昆虫正在消失。这似乎令人难以置信，但却是事实。在西欧蜻蜓（图97）正在消失。比如，在德国，70种蜻蜓中有一半濒临灭绝，有两种蜻蜓已经完全绝迹。在北美洲，有一些栖息在狭小地域的蛾子消失不见了。在南美洲热带丛林中有许多种尚未得到科学论述的昆虫也正在消失。在我国，大个的甲虫、某些种类的飞蝶和夜蛾的数量骤减。许多平平常常的很少被研究的蜉蝣、水蛾、苍蝇和很小的姬蜂也岌岌可危。

图97

为什么会发生这种不幸的事情？昆虫消失的主要原因之一是它们的栖息环境遭到了破坏。森林被砍伐，草原被开垦。在那些地方新建了城市和道路、田园和水库。要知道，许多物种的延续需要一种原始的、未被人类践踏的自然环境。草坪不是草场，城市公园不是森林。那里缺少许多六条腿动物生活所必备的条件。在公园里把落叶打扫得一干二净，也就使众多屑食性昆虫失去了食物和住所，因为它们以植物的枯枝败叶为食。清理走干枯的树木或腐烂的树墩，大个的鹿角虫（图98）和独角犀、蛀木虫和步

图98

行虫就会消失。修剪草场的草，正在开花、分泌花蜜、产生花粉的植物就会被清除，而正是它们为熊蜂和飞蝶、蜜蜂和黄蜂提供养料的。

看不见的食物链不仅使昆虫与植物之间、而且使昆虫相互间发生密切的联系。许多捕食类动物和寄生类动物把食草类昆虫作为食物。一种昆虫的消失有时会导致与它同栖在一起的一大群生物像空中楼阁那样轰然崩溃。

喜马拉雅山气候在变化

直到不久前，印度西北部的梅加拉亚邦的一个地区还被认为是世界上降雨量最多的地方。在这喜马拉雅山山麓海拔 1313 米的地方有一个不大的村镇乞拉朋齐（图 99），每年这里的降雨达 9150 毫米。然而，自然环境研究中心的专家们认为，这个"多雨的王国"也面临着变为沙漠的威胁。

最近，乞拉朋齐的气候骤变。过去整年雨量充沛，而现在每年只有 3 ~ 4 个月有雨，其他时间则滴雨不下。全部的雨水径流只在季风期最后两个月里出现，此后土壤里就会缺墒变成焦土。

图 99

干旱化的主要原因是由于过度地砍伐森林和在山坡上垦荒造田（图 100），破坏了自然植被。失去了林木的保护，土壤中的黏土很容易被雨水冲走，而石灰岩也会被酸雨溶蚀。继而，越来越多的岩洞坍塌，这也会吞噬大量的水。

缺少自然植被的土壤吸水性能很差，结果雨季时水灾就频繁发生。1988年发生了一次灾难性水灾，邻国孟加拉国有成千上万的人死去，国家经济和自然环境遭受重大损失。

图100

为了防止发生当地的生态灾难，印度政府的环境保护组织制订了在喜马拉雅山脉重新植树造林的计划。但是，恢复已失去的自然平衡需要巨大的努力、大量的经费和相当长的时间。

极地冰层在融化

近20年，来自各国的科学家们发现北冰洋的冰层在迅速融化。在这期间冰层的厚度大约减少了2米，现在总共只有5米厚了。科学家们从太空进行的观测和海洋实验船上的研究都表明，在南半球南极洲的沿岸飘浮的极地冰层（图101）也开始变薄，它们的面积已经缩小。这一过程引起了专家们的不安，因为冰层对于稳定气候具有重要的意义。

首先，冰和雪把约80%的太阳光能反射到外层空间。大洋的自由水面共占20%。在浮冰不断融化的情况下，太阳的更多的热能将被洋面吸收，这自然会提高大洋的温度。

其次，冰层保存着海水从大气层吸收的二氧化碳气体。在我们地球的

图101

极地地区冰层"覆盖物"减少的情况下，大洋深处保持二氧化碳的能力将极大地降低，二氧化碳气体通过脱离了冰层的自由水面分离得越来越多，这种气体加剧了温床效应，这样就促使地球气候变暖。

人口在爆发

在不破坏自然界平衡的前提下，地球上可以生存多少人呢？这个问题十分重要，但是这个问题可以有不同的答案，这要看指的是人类历史发展的哪个时期。

在人类以狩猎和采摘野果为生的史前期，居住环境能够承受的全球人数超不过几百万。随着条件的改善，人数就多了起来。这意味着需要更多的食物。猎手们杀死的猎物越多，野生动物剩下的就越少，可食用的植物也越来越少。而且，饥饿、疾病和为争夺更适宜于生存的土地而发生的战争一旦发生，世界人口的自然增长率就会停止下来。昔日这样的生态危机在世界各地经常产生，所以，人口的数量显得较为稳定。

在那些久远的年代，出生率大约保持在5%的水平，即1000人口中每年出生50名婴儿。在5%出生率的情况下，人口数量的较为稳定，这就意味着，当时的死亡率也是一样，即每年5%。在出生率和死亡率处于如此的对比关系下，人的平均寿命很短，约为20岁。

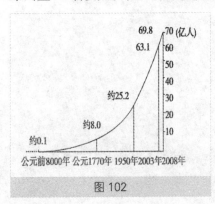

图102

人们把20世纪地球上出现的人口急速增长（图102）称为人口爆炸。

大约10000年前，人们刚过渡到农耕时期，地球上的全部人口也超不过 500 万，这几乎比今天莫斯科的人口少了一半。经过 8000 年之后，到公元初期，地球人的总数略多于现在俄罗斯的人口。又过了 1500 年，地球上的人口约为 5 亿。20 世纪中叶则达到了 10 亿。80 年后又增加了 10 亿人。随后，地球人口的数量增长得更快。

所以，在最初的历史阶段人口的增长不明显，是渐缓的。人口数量的急剧增长只是不久前的事。人口增长的主要时期恰好占作为一种生物的人类全部历史年代的千分之一。人类如此迅速繁殖的危险是什么呢？

现在，地球人口数量仍在继续增加，而且据各方面情况判断，增长的势头不减。在你读这个句子的几秒钟内，世界人口大约又要增加 20 人，每一个小时有 10000 多名新的地球人问世。人类人口每年增长约 1 亿人。

全世界食品的生产在 80 年代中叶已达到高峰，从那时起实际上一直停留在这个水平上。在撒哈拉沙漠以南的非洲国家里，人均食品的产量 20 年来一直在减少，而最近 15 年来拉丁美洲也发生了这种情况。

对今后几十年间气候变化的预测同样难以使人感到宽慰。二氧化碳气体和其他制造"温室效应"的大气层污染物质的积累将促使气候变暖并加剧干旱的程度。还应当补充的是，由于杀虫剂和工业废料污染的影响，所生产的食品的质量也明显下降。

人们需要的不只是食品，他们还需要住所、家具、衣服、鞋子和各种日用器具。人口的增长必将导致工业生产和城市发展的突飞猛进。现存的自然生态系统正经受剧烈的冲击，资源的消耗越来越大，废弃物在增多，居住环境受到严重污染。

人口过剩加重了生物圈的负担，它已经因人类的活动变得很脆弱了。科学家们认为，地球人口的过剩是整个生态发生危机最重要的原因之一，同时，它还是最难解决的问题之一。

赤潮的危害

在辽阔的世界大洋中有时可以看到一种惊人的现象。自远古以来，人们就知道有所谓的赤潮（图103），赤潮发生时，大面积的海面被染上触目惊心的血红色。赤潮使古代的航海家产生迷信的恐惧，它还被认为是不

图103

祥之兆。随后发生的事情往往证明人们的担心并非多余。曾经发生过船组人员食用在当地捕捞的鱼和一些软体动物后中毒的事件。

赤潮使现代人所产生的不是迷信的恐惧，而是有原因的不安。近段时间，这种赤潮发生得更加频繁，它侵袭了除南极洲以外的所有大陆的沿岸水域。

早在20世纪，赤潮的秘密就已经被揭开，原来，海水变为血红色是由于某些种类的单细胞水藻大量繁殖的缘故。而且，这些生物有毒，也就是说，它们能产生有毒物质。它们之中的有些水藻本身有毒，有些则是在不良条件下才排放毒素，比如，在进食过程中它们缺乏某些物质相配的时候。这些有毒物质沿食物链又进入其他海洋生物体内。结果，浮游生物、水底动物、鱼类、鲸、海鸟就会死去。毒素对人也很危险。有些毒素具有致癌的性质，也就是说，能够产生恶性形成物。

科学家们把赤潮的频繁出现归咎于生产废物对海洋的污染。

移植麝鼠的后果

人在移植动物时，有时不考虑这些行为的后果，往往想得很美，结果却遗害无穷。麝鼠（图104）是鼠类家族中的典型的啮齿动物，它还被称作麝香鼠，它的确很象老鼠，只是个头更大些。在进化过程中，这种动物适应了半水生的生活方式，它在许多方面与海狸相似。怪不得人们还把这种啮齿类动物叫做"海狸的弟弟"。

图 104

麝鼠的故乡是北美洲，它能到其他大陆去，那是人们移植的结果。人们看重它那漂亮结实的毛皮。

这种动物是在1905年被首批运到欧洲的，它们在今天捷克的首都布拉格附近被放养。这种动物大量繁殖，它们开始被迅速地移送到别处，去占领新的领土。到30年代初，麝鼠的领地已达几十万平方千米。麝鼠是于1928年传入俄罗斯，几年之后，人们开始把繁殖出来的麝鼠送往前苏联的所有地区，后来它们又进入了其他国家——中国、朝鲜、蒙古等。

为了得到更多的珍贵的毛皮，人们不计后果地把这种长满绒毛的动物迁往各地，未经充分考虑的行为的结果十分悲惨。在那些自然条件曾经十分良好的地区，它们成批成批地繁殖起来，吃掉了水中和岸边的植物，水域生态系统遭受了极大的破坏。

麝鼠在大量打造洞穴的时候，破坏了水渠和鱼塘的堤岸，造成了大坝决口，危害了农业生产。在麝鼠造成的损失十分严重的一些西欧国家里，现在正兴师动众大力剿灭麝鼠。

森林在消失

世界生物群落科学家们认为，森林的消失是最严重的生态问题之一。

大约10000年前，地球上有茂密的森林，它们的面积共有6000多万平方千米。当时，人刚开始进行耕种和畜牧，这种起初并不起眼的活动致使大面积的森林逐渐走向毁灭。首先砍伐森林的地区有恩特雷里奥斯平原（图105）、地中海沿岸地区和中国的平原，这都是农业生产条件最好的地区。随着新纪元的到来，欧洲的森林开始迅速消失。现代的法国居民很难想象，从前法国领土的森林覆盖率达80%。17世纪中叶，西欧各国的森林资源遭受到毁灭性破坏，当时只保留下了15%的森林面积。而西欧的天然林则荡然无存。全球的天然林也损失了近1／4——大约1500万平方千米。

俄罗斯的森林生态系统也遭受了同样的厄运。占俄罗斯领土欧洲部分一大半的辽阔的森林带的树木明显变

图105

得稀疏。今天，国土上大森林的面积仅 30% 多一点，在俄罗斯南部的许多地区森林已被砍光伐尽。

塞尔瓦在消亡

最大的热带森林位于南美洲全球水量最大的亚马逊河流域。林中的动物及植物多得令人难以置信，有许多种动、植物至今还未被研究。据统计，仅在这个森林的一公顷地面上，就生长着几千种植物，而这里大树的总数超过了 400 亿株。

今天，亚马逊热带雨林（图 106）面临着被砍伐和焚烧的厄运。塞尔瓦，这是当地人给这片森林起的名字，它正在人的进逼下逐渐消亡，人们只图征服这一地区，而根本不考虑它的未来。每一小时都有千万棵大树倒地，人为的火灾屡屡发生。如果这一局面得不到扭转的话，25 年之后，无边的森林就会成为不毛之地。

热带雨林的消失有多种原因：人们伐林、造田、建造新的城市和铺设

图 106

公路。某些原先的林区现已成为一片水泽。自古以来人把木材当作主要的建筑材料和燃料。即使是今天，采伐树木仍是森林面积减少的主要原因之一。

但是，森林不只是木材的来源，它还是一个装满了各种宝藏的神奇的宝库，人们现在刚开始明白这些宝藏的重要性。最后要说的是，森林是我们地球的"肺"，随着森林的减少，我们地球大气层中的二氧化碳的数量在增多，过多的二氧化碳会导致温室效应。

蜜蜂杀手袭击人

1956 年，遗传学家乌奥尔维克·克尔开始在巴西培育非洲蜜蜂的变异品种。这些蜜蜂比欧洲的蜜蜂产蜜量更多，它们大约能多产一倍的蜜，而且还能更好地给当地的农作物授粉。但是，"非洲蜂"习性凶狠，并有剧毒。同时，它们还有大量聚集的习性。

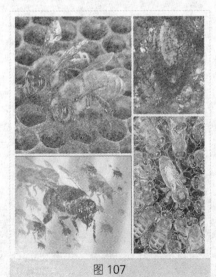

图107

克尔对这些非洲蜜蜂（图107）采取了严格的隔离措施，他着手让这些蜜蜂与欧洲蜜蜂交配，以得到更能适应南美洲条件的杂交蜜蜂。过了一段时间，他成功地培育出了产蜜量大、授粉能力强的蜜蜂。可惜的是，新品种的蜜蜂继承了自己非洲前辈们的极强的侵略本性。

克尔继续自己的研究，努力去克服"优秀的工作人员"的不良习性。当胜利在望时，却发生了意外，当地的一位养蜂人来到了正在进行实验的养蜂场，不小心放走了二十多窝蜜蜂。

起初，人们对这件事并没在意，但是，过了一段时间，从巴西各地传来了令人不安的消息：一些可怕的蜜蜂拼命地袭击人和动物，当地的居民称它们是蜜蜂杀手。这可毫不夸张。由于蜜蜂的袭击，有几百人死亡，几十万人受到伤害。

在近20年间，"会飞的侵略者"占领了整个南美洲，并正在向北方挺进。

珍奇鸟类在死亡

稀有动物在保护区里也未必总能安然无恙，而它们却又不是死于偷猎者之手。

20世纪80年代末，人们发现美国南部的一些保护区内的水鸟（图108）大批地死去。

多数情况下，幼鸟的先天性畸形是死亡的主要原因，这些幼鸟出生时翅膀、爪子就严重变形，有的鸟嘴长歪，有的没长眼睛。

在水鸟栖息的保护区内的水域里，人们发现了许多重金属元素。在水鸟的体内蓄积了硒、汞、硼和砷等元素。大家知道，这些金属元素是某些化肥和农药的成分，它们是从保护区之外的农业地区进入水中的。原来，整个水域周围的土壤已被污染。

为了保护保护区内的动物，人们投重资来净化水和土壤中的有毒物质，还对农场主开展了防止污染的教育。

图108

经过地方政府、科学家们和一些社会组织的共同努力，保护区周边地区终于禁止在农业生产中使用危险的化学制品了。

气候在变暖

现代人遇到的最严重的问题之一是气候在变暖。

今天，不仅科学家们发现了气候极不稳定的现象，我们大家也常常发现：冬季里冰消雪融，夏天却异常寒冷，还常发生风暴和旱灾。人类轻率地砍伐森林（图109），开垦草原，排除沼泽地的水，建设城市和道路。没用多长时间，人们就极大地削弱了大陆表层调节蓄水的能力。

其实是生态系统控制着水分从大陆表层的蒸发，在不同的生态系统中水分的蒸发量也不尽相同。天然林具有最好的调节水分的功能，其次是草原生态系统和农业生态系统。在种植农作物的田野里，自然发展的进程受到破坏。夏季，在割草和收获谷物及其他作物的过程中，大面积的植物群落被消灭，这时，水分的代谢由植物的根来完成。收割完庄稼（图110）之后，田野又被耕种，所以，亿万公顷土地表层调节水分的功能又产生了新的变化，因为耕地极大地降低了蒸发的强度。

图 109

图 110

生态系统中的这种突变对自然界的影响十分严重。它们破坏了生物圈内千百万年间所形成的对气候调节的自然过程。

亚马尔半岛将遭难

所有的人都知道阿拉海的悲剧：整个大海遭到了灭顶之灾！但是，只有很少的人知道，俄罗斯北部的一个面积很大的半岛正濒临危险，它就是亚马尔半岛。近段时间，科学家们和记者们严肃指出，用老方法来开发北部的自然资源是行不通的。如果在亚马尔极地冻土带不改变开采矿产的方法，那么，二三十年之后就会出现新的生态灾难。

人们在亚马尔（图111）发现了储量极为丰富的天然气。至今为止，这里只进行了勘探工作，但在不久的将来，人们将进行天然气的工业开采。

在极地冻土带，生物的生存极为困难。在一年的大部分时间里，冻土

图111

带被雪原所覆盖。许多月份里都是狂风肆虐，而且气温常达 –50℃。随着短暂夏季的到来，仅有几十厘米厚的冻土层被融化，冻土地变成了连绵不断、难以通行的沼泽地。在低温条件下，植被是冻土带生态系统的基础，它生长得极为缓慢。所以，冻土带的大自然要比地球上其他地区脆弱得多。开发这些地区必须慎之又慎，要尽量避免破坏生态系统。

地质学家和钻井工人来到这里，如果他们认为自己是大自然的征服者，冻土带将会遭到难复之劫。重型的技术设备会毁坏土壤，在土壤表面留下长期难以愈合的创伤。在亚马尔现在已有几百座钻塔，每一座钻塔（图

图 112

112）都会完全毁掉几公顷的植被，还会污染几百公顷的土地。工作结束之后，钻塔被运往新的地方，留下一片狼藉，满地都是残破的金属架、原木、垃圾、钻井用的有毒的溶液和废油。

建筑工人和采气工人到来后又会怎样呢？他们开始钻油井，铺设输送天然气的管道，建造天然气处理厂。为此还要修建大规模的居民区、机场、公路和铁路。这些工程已计划在亚马尔半岛上实施，但是研究表明，这个半岛有一半是由冰构成的。某些科学家形象地说，这就好比在海上漂流的冰山上点篝火。

情况十分严峻。一方面，国家需要天然气，而另一方面，偌大的亚马尔半岛会轻而易举地消失在喀拉海中。

犁成为凶手

自从人类进行耕作时起，就开始以某种方式破坏了土壤表层的完好，这对于为播种的植物创造良好的生长条件来说是必需的。

考古学家们认为，最初的耕作工具是一种极简易的铲子，即一种把锋利的石头或骨头固定在木棍上的石铲或骨铲，它们的使用使人们提高了作物的产量。土壤耕作方式历经变化，人类创造出越来越有效的耕耘方式。

在公元前 4000 年的苏美尔地区，人们首次在耕耘土地时使用役畜。原先使用的工具不能深翻土地，苏美尔人为此制造出一种新型的工具——简犁。

不久，就出现了原始的犁杖（图 113），这种犁已经作为翻地的工具了。

可以看到在古代的中国和古罗马使用犁的记载。在欧洲，随着罗马帝国的衰落，犁曾被湮没，17世纪在荷兰它再度被发明出来。后来，这一工具得到改进，并一直是耕地的一种得力的工具。

图113

然而，犁的长期使用使大面积的被耕耘土地发生了水蚀和风蚀，破坏了生态系统。土壤里腐殖质的含量下降，因此，土壤失去了其最重要的特性——肥沃性。这种土壤耕作法的后果到20世纪30年代在美国和加拿大特别明显地表现了出来。沙暴从田地中刮走了千百万吨的肥沃土层，犁转而从"衣食父母"变成了"凶手"。

今天，人们重提耕作工具的问题。当然，这已不是木柄犁，而是相当复杂的联合机，但是，它们的工作原理与古代的犁没有丝毫改变。

引进植物应谨慎

植物在自然条件下的迁移从其在我们地球上产生以来就经常发生。最初，是风和水流把植物带往四面八方。地球上出现动物之后，植物"学会"了让它们来代劳。

图114

人类自从在地球上出现时起，也开始介入这一活动。逐渐地，人类开始有目的地来做这件事。由于人的参与，许多植物来到一些陌生的地方，并大量地繁殖起来。

现已查明，某些种类的植物首先

是在世界的某个地区改造成为农作物的，后来这些栽培植物就传入各地。大家最熟悉的人类食用植物——土豆（图114）和西红柿、黄瓜和玉米来自于遥远的南方，而小麦也原产于另一半球。我们的同胞、卓越的生物学家 Н.И. 瓦维洛夫查明，地球上几乎所有的栽培植物都来自于五个地区，这五个地区获得了栽培植物发祥地的称号。

早在古代，商人、旅行家和国务活动家就重视从其他国引进具有优良特性的植物。现在，此项工作具有了前所未有的规模，移植的方法也更科学。科学家们对此用了一个专门的概念——引进植物，即把植物从一地移植到另一地，使其大面积栽种并适应新的生长条件。

在进行引进时，专家们十分关注外来品种的生理、生态和栽培特性。许多

图 115

国家利用引进品种栽培出大片的森林。于是，阿尔及利亚出现了桉树种植林，美国出现了核桃林（图115）。有些种类植物的迁移是不以人的意志为转移的，而是由偶然的情形形成的。然而，并非所有的品种都能引进成功，但在多数情况下，"外来者"会迅速得到普及，超过了当地的品种。

在 20 世纪之前，齿叶板栗曾是美国东部阔叶林中最常见的树种之一。这些高达 30 米的树木在森林生态系统中起着重要的作用，它们能为许多林中动物提供食料。人们极为看重这种树，因为它的木质优良，颇具观赏性，果实也很可口。

图 116

1904 年，在纽约的一个公园里齿叶板栗树（图 116）开始枯死。这些树的树干上生成许多裂纹，后来树就死去了。后来查明，从中国运来的亚洲板栗种树上有一种寄生菌是致其死亡的原因。风带来了孢子，孢子落到了树皮的裂缝里，由这些孢子发育成能

破坏树皮组织的菌丝，结果，由于供给遭到破坏树木很快就死掉了。这种病获得了一个名称，叫板栗树皮癌，它蔓延的速度快得惊人。

美国的齿叶板栗不能像亚洲板栗那样抵抗被带来的寄生物，与不速之客斗争的所有尝试均告失败。流行病大肆蔓延开来，传到了各地，这是一场真正的生态灾难。那位出于良好动机把亚洲板栗运到美国的人，做梦也想不到，他的引进竟招致如此严重的后果。

在 20 世纪中期，即齿叶板栗首批死亡半个世纪之后，30 多亿株齿叶板栗树只留下了不足 100 株能结果实的树！在森林生态系统中取代死去的齿叶

图 117

板栗位置的主要是橡树（图 117），然而，从此森林变得稀疏了。随同齿叶板栗一起消失的还有某些种类的动物，对于它们来说，齿叶板栗"既是食物，也是房屋"。

科学家们没有放弃恢复齿叶板栗昔日繁荣的愿望，哪怕是部分恢复也好。今天，人们已成功地培育出首批杂交板栗的稳定的品种，并研制出医治这一可怕病害的药品。

咸海在消亡

40 年前，在中亚那茫茫的沙原和被太阳烤得发烫的岩滩之上，曾经是一个含盐量很少的淡水海。住在海岸边的人们称此海为"阿拉"海，"阿拉"一词在俄语中的意思是"孤零零的"。这一令人称奇的孤海深 67 米，南北将近 400 千米长，东西略短一些，而其周围是方圆数百千米的沙漠。

有阿姆河和锡尔河两条大河注入咸海，河水来自高耸云霄的帕米尔高原。许多世纪以来，咸海的水位基本保持不变，每年有多少海水从水面蒸发掉，就会有多少水从阿姆河和锡尔河补充进来，流入海中的水和大海失掉的水一直保持平衡。

海上有商船和捕鱼船航行。海里有 1000 多个大小岛屿。咸海（图118）沿岸有渔民和他们的家人居住，有工厂在进行生产，还有繁忙的港口和码头。咸海岸最大的港口是咸海港和穆伊纳克港。以前，为了防止冬季的狂风袭击穆伊纳克港口，必须筑起高坝把港口与大海隔开。现在，从

图 118

穆伊纳克港到海岸边约有 60 千米，被太阳烤得发烫的带有盐碱的沙地把港口和大海隔开了，一些废旧船只停放在沙地上。

现在，咸海港也同样远离了大海。在港口和大海之间是废旧船只停放场，废旧船只停放在太阳晒得发烫的带有盐碱的沙地上。

灾难始于 20 世纪 50 年代，人类对此难逃其咎。当时，在阿姆河和锡尔河流域，棉农和稻农们急剧扩大了棉花和水稻的播种面积。难道这有什么不好吗？多产些棉花，可以多多织布，还会有更多的稻米食用。但在自然界中，一切并非如此简单。

种植棉花和水稻需要修建灌溉渠网，而渠水引自阿姆河和锡尔河。水从田地里蒸发了，不会再流入咸海。流入咸海的水开始少于从海面蒸发掉的水，海水的数量开始减少。现在的水量几乎比 50 年代初减少了 2 / 3，咸海的海面也下降了 2 / 3，从前海里的许多岛屿已与陆地相连，海水的含盐量已比从前增加了一倍。鱼类不能适应在这样多含盐量的水中生活，纷纷死去。捕鱼业已经告终。

人类希望得到更多的棉花（图119）和稻米的美好愿望反倒为其带来了生态灾难。咸海在变干，它很快就会变成两个含盐量很高的小湖。气候也发生了变化。住在咸海岸边的人们所食用的鱼儿也消失了。大风把千万

图 119

吨的盐粒连同沙子一起从已裸露的海底吹起，随后会随着雨水落到咸海沿岸地区的土地上。沿岸地区每公顷土地上平均会落下约 700 千克盐。这不仅会影响田地的产量，还会对人的健康造成相当大的危害。人的寿命在急剧缩短，儿童死亡率在快速增长。

破坏自然界的平衡通常十分容易，可惜的是，要想恢复平衡，往往是很难的。因此，在着手实现宏大的、表面上看来有益的计划之前，全人类和每一个人都应当顾及问题的方方面面。

食品生产与生态

怎样才能避免饥饿的威胁和保持居住环境的高质量呢？现在未必会有回答这个问题的现成的答案。现代人类遇到的这个最复杂的问题与食品生产有关。

人们把生物从周围环境中获得的有机物质和矿物质称为食品。有了食物，机体才能发育，体重、身高才能增长，才能运动，才能繁殖，简而言之，所有的生命活动才能进行。在自然界中，复杂的有机物质可以用单质创造出植物和某些种类的细菌。其他的生物，包括人在内，都是把从其他生物那里得到的现成的化合物作为食物。人类的食物是各种动植物制品，它们是通过农业生产和捕猎获得的，比如，捕鱼（图 120）、采摘野生的果子等等。

图 120

今天，地球上挣扎在饥饿线上的有几千万人，营养不良的有几亿人。随着人口的增长，这一问题会更加严重。人们对绿色革命寄予了很高的期望，绿色革命的标志是在农业生产中培育植物的基本方法发生根本性的变化。

第一次绿色革命发生在 20 世纪六七十年代，当时，育种家经过艰苦努力培育出了农作物的新的品种，这使农作物的产量比传统作物提高好几倍。种植这些品种的作物要求采取新的土壤耕作法，使用大量的化肥、灌溉水和各种农药。

遗憾的是，除了增加了粮食生产的产量之外，这场革命给自然界、也给人类自身带来了不少灾难。土壤的破坏、栖息环境受到杀虫剂污染、一些种类的野生动植物遭到毁灭、许多人的健康受损都是这场革命带来的后果。

动力需求的危害

　　动力的生产与需求随着人类社会的发展而不断增长。借助于动力，我们生产人的生活必需的食品，使我们的居所变得温暖。动力可以把物质从一种形态转化为另一种形态，可以使人们以前人想象不到的速度在地球上旅行，运输各种货物。然而，人类在日常生活、生产、运输和农业中对能的利用效率并不理想。

　　动力需求的不断增长会带来什么危害呢？首先，会使地球表面和大气层中的近地层的温度升高。这是由于受当代技术工艺条件的限制，热电厂生产的约 1 / 3 的能量和核电站生产的约 1 / 2 的能量因冷却发电机组而白白地流失了。冷却发电机组使用的水被排入各种水域，致使各种水域遭受到热污染（图121）。这还人为地使受到太阳辐射的地球表面的温度提

图121

高了1%，造成气候的严重反常。输送电能时会产生电磁场，它对生物同样会产生不良影响。

除直接升温外，多数情况下，在动力生产过程中在空气里会产生蒸气聚积，首先是碳酸气。这同样会提高地球上的平均温度。人们在获得动力时，加速了一氧化氮和二氧化硫对空气的污染，这会导致酸雨的产生，使森林和水体毁灭。动力的生产会由于油轮失事和输油管破裂而使石油污染大洋和地表。

科学家们认为，如果这样毫无理智地发展动力工业的话，地球生物圈则承受不了多久。

麝鼹在灭绝

在俄罗斯的土地上生活着地球最古老的哺乳动物之一——俄罗斯麝鼹（图122）。这种食虫目动物与刺猬和鼹鼠有亲缘关系。与之不同的是，俄罗斯麝鼹是半水生动物，它把窝建在陆地上，常在冒出水面的陡崖上造穴，而在河水或湖水中寻觅食物。

这种动物不大，长约20厘米，重约0.5千克。它的脸尖长，嘴和鼻前突。它长着十分敏感的触须，因而具有极佳的嗅觉。而视觉和听觉对俄罗斯麝鼹来说并不重要。

俄罗斯麝鼹吃软体动物、昆虫的幼虫、蠕虫、水蛭；它也很爱吃小鱼、青蛙（图123）和它们的卵；也吃慈姑、芦苇、香蒲、睡莲等植物。并且它的胃口极大，一昼夜间它能够吃掉几乎与它体重相等的食物。

图122

俄罗斯麝鼹去觅食和返回时，是从水下沿着专门的路径行走，这些路径变成了深25厘米、宽15厘米的沟壕。这些水下猎手行走的沟壕里有更多的氧气，水中的许多生物都会聚集到这里，它们成了俄罗斯麝鼹的猎物。

图123

300多年前俄罗斯麝鼹的数量挺多，它们甚至出没在莫斯科近郊。它们的毛皮被运往交易会，价格比海狸皮还高。但是，由于滥捕滥杀，俄罗斯麝鼹的数量已在逐渐减少。

今天，它们仅存于第聂伯河、伏尔加河、顿河和乌拉尔河流域的一些地区。动物学家们估计，它们的数量不会超过3万只。数量减少的主要原因是适宜俄罗斯麝鼹生活的地方在减少和水污染。俄罗斯麝鼹作为一种濒临灭绝的动物已被列入国际红皮书。

飘泊鸠已灭绝

飘泊鸠灭绝的历史是人残酷对待野生动物的最突出的案例之一。

这种个头不太大的长尾巴的鸟在19世纪中叶之前遍布北美大陆，它被认为是地球上数量最多的鸟类之一。

飘泊鸠经常大量聚集，有时鸟群的数量可达10亿只！大群的鸟经常迁飞寻觅食物丰富的地方。这种鸟喜欢在阔叶林中生活，它们在那里建巢，主要以树籽和草籽为食。飘泊鸠在某个林区通常停留几周到几个月，孵出小鸟，吃干净大面积林区中的树籽和草籽后，大群的飘泊鸠又去寻找新的合适的地方，为此它们有时竟飞出几千千米。

生态环境启示录

图 124

据目击者描述，飘泊鸠（图 124）迁飞的景象令人惊骇。大群的鸟遮天蔽日，霎时间天昏地暗，千万只鸟发出拍翅膀的巨响。

人们想方设法来杀死这些鸟，当地的居民弄清鸟群飞行的方向之后，准备好火枪、棍棒、杆子，甚至网。他们不仅开枪，而且还用普通的棍棒打落低空飞行的鸟。

捕杀行动有时持续几个小时。大量被打死的鸟的肉被人们腌在大桶里，用来喂猪，或沤成肥料。

那时谁也没想过飘泊鸠会灭绝。但是到了 80 年代初，数量众多的鸟群明显变得稀少，19 世纪末飘泊鸠就消失了。无论是迟到的禁止猎杀的法令，还是为发现飘泊鸠筑巢地点而特设的巨额奖金都已于事无补。1914 年，在辛辛那提市动物园里，最后一只名叫马尔塔的飘泊鸠死去。

科学家们认为，飘泊鸠像其他许多群体鸟类一样，只能够群集繁殖。人类的野蛮行为使它们的数量减少到了不能正常筑巢繁殖的程度，因而使它们走上了绝路。

人类能够拯救砗磲吗

最大的瓣鳃软体动物砗磲已面临灭绝的危险。从前，这种软体动物遍布在印度洋和太平洋的珊瑚礁上。

砗磲（图 125）与无齿蚌和珠蚌有亲缘关系，但是它要比后者大得多。

它的贝壳有时可达 1.5 米长，体重 300 多千克。它们一动不动地趴在水中的珊瑚石中，很像一块块石头，尽管它们的块头很大，却不那么容易分辨出来。这些庞然大物像它们近亲的动物一样把水过滤，吃掉水中微小的生物。正是由于这个缘故，砗磲对海水污染十分敏感。不加控制的捕捞

图 125

也是这一著名的软体动物数量减少的原因。对于东南亚和大洋洲的居民来说，庞大的砗磲一直都是他们喜爱的猎物，它们的肉被誉为美味，而它们的贝壳被用来制造装饰品和某些日常用品。

后来的研究表明，砗磲能够被拯救。如果为它们创造一个适宜的环境，并进行人工繁殖，不仅能够使它们的数量增多，而且能使其成为热带地区居民的重要的食品资源。

来自太空的生态灾难

图 126

在生物圈的历史中曾发生过生态灾难吗？科学家们认为，曾经发生过，而且不止一次。借助于计算机，不久前人们得知曾发生过一起这样的灾难。

发生在 6500 多万年前的这起灾难的原因是由于一个太空旅行者——小行星引起的。这颗小行星的直径约 10 千米，而速度超过了每秒 15 千米。这

生态环境启示录

块巨石闯入我们的星球，落在墨西哥尤卡坦半岛的北部。当时还没有半岛，这里是大洋底部的一部分。可怕的爆炸（图126）震撼了地球，爆炸的威力等于1亿颗原子弹的威力！在爆炸的地方形成了一个直径180千米、深1200多米的巨大火山口。这个火山口即使在今天仍可从太空看得清清楚楚。瞬间蒸发的大量的水和熔岩飞到几十千米高的空中。由于大火，还冒出了千百万吨的黑烟和二氧化碳气体。结果，在大气层的上层形成了一道黑色的屏障，阳光无法穿透。这导致了地球温度的急剧下降，尽管持续的时间并不太长。

黑暗和寒冷导致了光合作用的中断，许多植物纷纷死去，食草动物受到了威胁。微冰期与太阳能的减少有关，进而由于所谓的温室效应，微冰期又变成了强温暖期，即地球气候的过分变暖。这是由于大量的二氧化碳气体进入大气层的缘故。这使生物不利的条件中又增加了酸雨的肆虐。

专家们认为，这场突如其来的灾难导致了当时地球上70%以上生物的灭绝，当时称霸动物界的恐龙（图127）也死掉了。而哺乳类动物则十分顺利地度过了艰难时期。

图127

洗涤剂的危害

　　合成洗涤剂是水和土壤的最为严重的污染源之一。合成洗涤剂包括肥皂、洗发水、洗衣粉、苏打。

　　合成洗涤剂（图128）是用石油产品、油脂和多种化学物质，经过复杂的化学变化专门生产出来的。今天它已成为一个庞大的工业部门，每年能够生产几十万吨各种商品。它们的主要成分是所谓的表面活性物质，它们的成分中还有许多添加剂，诸如漂白粉、颜料、抗电剂。它们不仅可以提高去污效果，而且能使衣物的外观变得更漂亮。

图 128

　　合成洗涤剂不论水质和温度如何都具有极强的去污能力，它们在日常生活中被广泛地用来洗涤衣物、器皿和卫生用具，它们还被广泛地用于生产之中。它们在具有很高使用价值的同时，还具有一个极大的缺点，合成洗涤剂是最危险的环境污染源。

　　合成洗涤剂在污染水的同时，还改变了水的表面张力，危及许多水中和水表层生物的生存。这些生物包括水黾、蚊子幼虫和许多其他动物。洗涤剂会损坏鱼子及两栖动物的细胞膜，导致胚胎停止发育而死去。它们会阻碍气体在水中代谢，使氧气很难进入水中。

　　磷化合物是大多数洗涤剂中的一种成分。它们大量进入水中，会促使浮

图129

游植物快速生长，出现水生绿藻（图129），破坏整个水生态系统的生命活动。

洗涤剂引发了大量的问题，这是因为它们是由人工化合物制成的，因而在自然环境中很难被分解。在这方面它们绝对不如具有高生态性能的传统制剂，那些由天然产品制成的制剂可以被微生物消化殆尽。

自然界最凶狠的敌人

在世界上的许多国家里，汽车成为了自然界乃至人类自己的最凶狠的敌人。就向大气层排放有害物质的总量而言，汽车首屈一指。大城市的居民每天随空气吸入的有害化合物的数量，相当于每天吸一包香烟。

每增加100万辆汽车就要占去2000～3000公顷的土地来建车库和停车场、加油站和技术服务站。还要为这些浩浩荡荡的汽车铺设1.5万千米的公路。汽车挤占了种植树木和开辟公园、儿童活动场和运动场的地方，使城市的剩余空间塞满了停车场。比如，在莫斯科70%的大气污染是汽车运输造成的。密布的公路网覆盖了我们的地球，它已经被废气（图130）熏得喘不上气来了。

图130

但是，大自然不只遭受空气污染的折磨。公路破坏了相邻土地的天然排水，恶化了生物的栖息环境。汽车干线破坏了自然景观，把生态系统割裂开来，使动植物群落不能正常发展。

运输车辆惊吓了野生动物，所以，它们不得不离开世袭的栖息地。还有很多不小心的动物死于汽车轮下。汽车和公路还使那些具有良好技术装备、却毫无生态意识的人进入了大自然的腹地，可谓助纣为虐。

好愿望导致坏结果

在欧洲和亚洲的广大地区，自古以来舞毒蛾（图 131）这个森林的最凶恶的敌人臭名远扬。这种蛾雄雌迥异，雄蛾要小得多，颜色也更黑些。随着秋天的到来，雌蛾在树干上、枯树堆里、树墩上和其他合适的地方产卵，

并做成像毡片一样能防寒的卵筏。春天，微小的、但却极为贪吃的毛茸茸的幼虫从卵筏里钻出，它们食性很广，200 多种植物都可作为食物。

这种害虫大约每三年有一次大量繁殖，就会酿成一次自然灾害。就其后果而言，舞毒蛾的爆发式繁殖可与灾难性的森林火灾相提并论。受害的

图 131

面积常常大到几十万公顷。目击者证实，在这些危险的害虫所包围的森林中可以听到亿万只毛虫不知疲倦地蚕食树叶所发出的连续不断的声音。

舞毒蛾爆发式繁殖通常以这些毛虫发生病毒性流行病而告终。它们变得萎靡不振，没有了食欲，最后死掉。但是这时森林已无法平复创伤了。继舞毒蛾之后对森林进行毁灭性伤害的是所谓的后期性害虫：小蠹虫、天牛（图 132）、棘胫小蠹和其他的六条腿的嗜蠹者。

19 世纪中叶以前美洲没有此患。但是在 20 世纪的 60 年代，在马萨诸

图 132

塞州的一个小实验室里进行了家蚕与舞毒蛾杂交培育杂交物种的试验。从事研究的那位自然科学家有着美好的愿望，他想得到新种的生物体，使之能够从父母中的一方继承产丝线的能力，而从另一方继承很强的生存能力和杂食性。

为此目的从欧洲运来了一些舞毒蛾，实验失败了。但是，结果是几只蛾子从实验室爬到了邻近的森林里，在那里它们发现了绝佳的生存条件——可口的食料比比皆是，而又没有天敌……

在过去的 100 多年里，舞毒蛾实际上已征服了北美洲范围内一切适宜自己生存的地域，使美国和加拿大的林业遭受了巨大的损失。

Part 3
保护生态环境

环境是人类生存最基本的条件，如果我们破坏了环境，就等于破坏了我们生存的条件。保护环境是人类有意识地保护自然资源并使其得到合理的利用，防止自然环境受到污染和破坏，对受到污染和破坏的环境做好综合的治理，以创造出适合于人类生活、工作的环境，协调人与自然的关系，让人们做到与自然和谐相处。

人类的觉醒

人类早期的环境问题，主要是农业生产活动引起的自然环境的破坏。古代文明国家早已有了关于保护自然环境的法律规定。2000多年前，我国秦朝就制定了世界上第一部环境法《田律》。《田律》规定：春天不准到山林里砍伐林木，不准堵塞水道；不到夏天不准烧草作肥料，不准采挖刚发芽的植物，不准捕捉幼兽、幼鸟等等。

产业革命后，随着工业的发展，出现了大规模的工业污染。从19世纪中叶开始，美、英、法、日、俄等国家陆续制定了防治污染和保护自然的法规。

20世纪50～60年代，环境污染（图133）、自然资源和生态平衡的破坏日益严重，甚至发展成灾难性的公害，迫使各国政府不得不认真对待并采取各种有效措施，其中包括制定一系列环境保护法规。环境法就是从这时候得到壮大发展，迅速地从传统的法律中分离出来，发展成一个独立的、内容广泛的、新的法律。

经过10年试行，我国于1989年正式颁布实施《中华人民共和国环境保护法》。

图133

环境保护法的制定，使人们能依据法律调整同环境有关的各种社会关系，协调经济发展与环境保护，把人类活动对环境的影响限制在最小限度内，以维护生态平衡，达到人类社会与自然的协调发展。

最早提出要保护环境的是美国女

生物学家雷切尔·卡森。卡森1907年出生于宾夕法尼亚州（图134）一个风光秀丽的小镇，她从小就十分热爱大自然。青年时代她就读于宾夕法尼亚州州立大学。开始，她的专业是英文，大学三年级时，她选修了生物课，并对森林、海洋产野生生物产生了浓厚的兴趣，于是改学生态学，1929年，

图 134

她以优异的成绩毕业，并获得生态学硕士学位。此后，她在马里兰州州立大学教授生态学，并利用暑假时间从事海洋生态的研究工作。从40年代起，卡森陆续撰写了《在海风下》《我们周围的海洋》《海洋边缘》等有关海洋和海洋生物的著作，这些著作先后出版，其中《我们周围的海洋》一书获得国家图书奖，并在短短一年时间里售出20万册。

40年代，卡森和几位同事注意到政府滥用DDT等新型杀虫剂的情况，并对此发出警告。从1955年起，她花了4年时间研究化学杀虫剂对生态环境的影响。她不辞辛劳地奔走于大面积施用过化学杀虫剂的地区，亲自观察、采样、分析，并在此基础上写成了《寂静的春天》一书。

《寂静的春天》生动地描写了人类生存环境受到严重污染的景象，阐明了人类同大气、海洋、河流、土壤、生物之间的密切关系，揭示了有机氯农药对生态环境的破坏。它告诫人们，人类的活动已污染了环境，不仅威胁着许多生物的生存，而且正在危害人类自己。书中明确提出了20世纪人类生活中的一个重要课题——环境污染。

《寂静的春天》出版后，在世界范围内引起了轰动，很快被译成多种文字出版，并在社会大众中产生了深远的影响。不久，环境保护运动便蓬蓬勃勃地开展起来了。

60年代初，卡森继续从事研究工作。由于劳累过度，并因长期接触化学药剂，她受到污染，患了癌症。1964年，卡森告别了人世，她把自己的一切都献给了拯救环境的事业。

国际绿十字会

国际红十字会（图135）作为全球最大的群众性的救死扶伤和社会福利团体，在国际生活中发挥着重要作用，享有崇高的声誉。

图135

1993年4月在日本东京正式成立了一个"国际绿十字会"，这是1992年6月在巴西召开的各国议会首脑环境大会上提出来的。

国际绿十字会的宗旨是："保护自然环境，确保人类和所有生物的未来，通过一切活动促进价值的变换，以建立适当的人与人、人与自然的关系。"与国际红十字会的宗旨相对应，其职能为拯救因环境、人口问题而处于濒危状态的地球，对环境受到破坏的现场给予救援，进行日常的环境教育等。

国际绿十字会在组织上以"全球论坛"为基础，该论坛由宗教、科学、文化等各界代表和各国议员组成。在和平共处、发展经济的今天，环境保护问题日趋重要，所以国际绿十字会的成立顺应了时代的潮流，具有重大的意义。

"地球日"的诞生

在20世纪50～60年代，西方的一些工业发达的国家频频发生公害事件，震惊了全世界。越来越多的人感到生活在一个缺乏安全的环境中。

1970年4月22日，在一些国会议员、社会名流和环境保护工作者的组织带领下，美国1万所中小学、200所高等学校以及全国各大团体共2000万人，举行了声势浩大的集会、游行等宣传活动，要求政府采取措施保护环境。这项活动的影响迅速扩大到全球，4月22日于是成了世界环境保护史上的重要一天——"地球日"。

这项"地球日"活动的发起人是美国民主党参议员尼尔逊。早在60年代初，他就为环境问题在美国政治中毫无地位而不安，当时总统、国会、企业乃至媒体都对这一关系到未来的问题漠不关心。1963年，他终于说服前肯尼迪总统（图136）进行一次国内的巡回演讲，把环境的恶化程度公诸于众，以便引起美国公众对环境问题的关注和重视。但是由于种种原因，这项活动没有收到预期的效果。

1969年夏天，尼尔逊又提议在全美各大学的校园里举办环境保护问题演讲会，并马上成立组织，研究计划。当时才25岁的哈佛大学法学院学生海斯立即响应。他会见尼尔逊，并决定暂时休学，全身心地投入环保活动。

不久，海斯又把尼尔逊的构想扩

图136

图 137

大，策划举办一个在全美国各地展开的社区性活动。尼尔逊采纳了海斯的建议，为了错开期末考试，他提议以次年的 4 月 22 日为"地球日"，在全美国开展大规模群众性的环境保护活动。1969 年 9 月，他在西雅图（图 137）的一次演讲中宣布了这项计划。尽管他们事先已经作了充分的估计，可是全美公众对于这项活动所表现出来的热情支持和强烈反响，仍然使他们大为吃惊，且备受鼓舞。

　　第一次"地球日"活动取得了极大的成功，它有力地推动了美国乃至世界环保事业的发展。在随后的几年时间里，美国国会先后通过了 28 个有关环境保护的重要法案，并成立了国家环保局。在国际上，"地球日"活动促使联合国于 1972 年召开了第一次人类环境会议，并成立了环境规划署。

　　以后每年都有"地球日"（图 138）活动。1990 年 4 月 22 日"地球日"20 周年之际，全世界有 140 个国家的 2 亿人参加了形式多样的

图 138

"地球日"活动：缅甸人举行反对屠杀大象抗议活动；巴西人到亚马逊河地区植树；英国伦敦的活动组织者鼓励顾客把商品上不必要的包装取下来还给商店；日本人举行近百项清理环境的活动；巴黎的环保极分子这一天骑着自行车或踩着旱冰鞋上街。最积极的当然是美国人：华盛顿安排"能源效率日"、"再循环日"、"节水日"、替代运输日"等多种环保活动日；马里兰州组织志愿者清扫公路和参加植树；弗吉尼亚州举办"地球日音乐节"；加利福尼亚州小学生往田间释放瓢虫，以代替农药以虫治虫；巴尔的摩市的儿童穿着用再生布做成的服装参加游行……

1972年联合国人类环境会议在斯德哥尔摩（图139）召开，1973年联合国环境规划署的成立，国际性环境组织——绿色和平组织的创办，以及保护环境的政府机构和组织在世界范围内的不断增加，都说明"地球日"起了重要的作用。因此，"地球日"

图139

也就成了全球性的活动。在1990年4月20日"地球日"20周年之际，中国总理李鹏发表了电视讲话，支持"地球日"的活动。从此，中国每年都进行"地球日"的纪念宣传活动，目的在于提高全社会保护环境、珍惜资源的意识，让人们认识到，保护环境、珍惜资源，就是要保护我们人类赖以生存的地球！

"世界环境日"诞生

1972 年 6 月 5 日，在瑞典斯德哥尔摩召开了联合国人类与环境会议，会议提出了一个响彻世界的口号："只有一个地球"。还发表了著名的《人类环境宣言》。《人类环境宣言》提出 7 个共同观点和 26 项共同原则，引导和鼓励全世界人民保护和改善人类环境。《人类环境宣言》规定了人类对环境的权利和义务，呼吁"为了这一代和将来的世世代代而保护和改善环境，已经成为人类一个紧迫的目标"，"这个目标将同争取和平和世界的经济与社会发展这两个既定的基本目标共同和协调地实现"，"各国政府和人民为维护和改善人类环境，造福全体人民和后代而努力"。会议提出建议，将这次大会的开幕日定为"世界环境日"。

图 140

1972 年 10 月，第 27 届联合国大会通过了联合国人类环境会议上提出的建议，规定每年的 6 月 5 日为"世界环境日"（图 140），让世界各国人民永远纪念它，并要求各国政府在每年的这一天开展各种活动，提醒全世界注意全球环境状况和人类活动对环境的危害，强调保护和改善人类环境的重要性。

"世界环境日"，象征着人类环境向更美好的阶段发展。它正确反映了世界各国人民对环境问题的认识和态度。

1973 年 1 月，联合国大会根据人类环境会议的决议，成立了联合国环境规划署，设立环境规划理事会和环境基金。联合国环境规划署（图 141）每年 6 月 5 日举行"世界环境日"纪念活动，发表"环境现状的年度报告书"及表彰"全球保护环境 500 佳"。每年的世界环境日都有一个主题。这些主题的制定，基本反映了当年世界主要的环境问题及环境热点，很有针对性。已提出的"世界环境日"主题有："警惕，全球变暖"、"只有一个地球"、"为了地球上的生命"、"拯救地球就是拯救未来"等。

图 141

多年来，许多国家、团体和人民群众在"世界环境日"这一天开展各种活动，宣传保护和改善人类环境的重要性。"世界环境日"已成为地球人共同的节日。

其他环境保护日

图 142

最著名的环境保护纪念日是"地球日"和"世界环境日"，此外，一些国际组织还为地球确定了另一些节日，目的也是号召大家都来保护地球。主要有：

3 月 21 日是"世界森林日"（图 142）。许多国家根据本国的特定环境和需求，又确定了自己的植树节，例如我国将 3 月 12 日定为植树节。

每年的 3 月 23 日是"世界气象日"，制定这个节日的目的是让世界各国人

图143

民都认识到大气是人类的共有资源，保护大气资源需要全人类的共同努力。

1994年12月，联合国第49届大会决定将每年的6月17日定为"世界防治荒漠化和干旱日"，呼吁各国政府重视土地沙化这个日益严重的全球性环境问题。

1987年7月11日是地球上第50亿个人出生的日子，联合国于1990年决定将每年的7月11日定为"世界人口日"，期望以此引起世界各国对人口问题的重视，采取措施控制世界人口。

9月16日是"国际保护臭氧层日"（图143），这个节日是纪念《关于消耗臭氧层物质的蒙特利议定书》的签订，要求所有缔约国家根据规定目标采取具体行动来纪念这一特殊日子。

第20届联合国粮农组织将每年的10月16日定为"世界粮食日"，要求该组织的成员国举行相关活动，以唤起世界对发展粮食和农业生产的重视。

《生物多样性公约》是1993年12月29日起生效的，于是第二年联合国大会宣布12月29日为"国际生物多样性日"。

1992年11月18日，全世界有1575名科学家（其中99人为诺贝尔奖获得者）就环境问题向世人发出警告：扭转人类遭受巨大不幸和地球发生突变的趋势，只剩下不过几十年时间了。他们还起草了一份文件——《世界科学家对人类的警告》，文件开头就提到："人类和自然界正走上一条相互抵触的道路。"这份文件将臭氧层变薄、空气污染、水资源浪费、海洋毒化、农田破坏、动植物物种减少及人口增长列为最严重的危险。事实上，这些因素已危及地球上的生命。

环境科学工作者把地球上的环境污染问题概括为八大要素：（1）酸

雨（图144）。它破坏植物气孔，使植物丧失均衡的光合作用，它还使江湖里的水质酸化。（2）空气中二氧化碳浓度增加，致使地球的气温上升，自然生态失衡。（3）大气臭氧层被破坏，使太阳光中的紫外线对地球生命构成威胁。（4）化学公害，全世界已经商品化的化学物质有67万种，

图144

其中有害的化学物质为 1.5 万种，每年有 50 万人因使用不注意或废弃物处理不当引起中毒。（5）水质污染。世界每年有 2500 万人因水污染而死亡，约有 10 亿人喝不到洁净的水。（6）土地沙漠化。因森林的毁灭、过度放牧和耕作，土地不断碱化沙化，全球每年约有 700 万公顷的土地变为沙漠。（7）热带雨林不断减少。由于乱砍滥伐、自然与人为的火灾等因素，地球上每年约有 1700 万公顷热带雨林被毁，约占地球总面积的 0.9%。（8）核威胁。1991 年，全球有 26 个国家的 423 座核电站在运行，到 20 世纪末，又增加 100 多座。核废料丢向大海，已经直接威胁到海洋渔场。地球上还有 5 万枚核弹头遍布世界各地，随时威胁着人类的和平与生存。

由此可见，促使地球"衰老"，危及地球生命的因素，均来自人类对环境的破坏行为。难怪在联合国召开的环境与发展大会的开幕式上，加利秘书长建议全体代表肃立，为地球静默两分钟。这两分钟的静默，代表全人类在忏悔，在反省，在思索：我们只有一个地球，人类的未来取决于我们今天的抉择。

人类所作的违背自然规律的事太多了，也因此受到了严厉的报复。正所谓是，顺规律者福，逆规律者祸。

这一点其实早在 2200 多年前，中国伟大的思想家荀况就有过精辟的阐述。他指出："天行有常，不为尧存，不为桀亡。应之以治则吉，应之以乱则凶。"这一观点提出了要正确处理利用自然和保护自然的关系，人

类的活动不应违反事物发展的客观规律，更不能将人类自身的意识强加上去。古人尚且能看到这一点，何况高科技时代的地球村民呢？

人类的文明进程不会倒退回茹毛饮血的时代，但是人类的"文明"如以自然环境的破坏为代价，那么大自然将真的会剥夺人类生存的权利。我们只有一个地球（图145），只有一个家，让人类携手挽臂，共同建设家园，迈向灿烂、祥和的未来吧！

图 145

建设生态系统

我们之中的每一个人都愿意创建一个不大的生态系统。为此无需成为魔术师，你们之中的某些人必定能做到这一点。

所有的人都知道玻璃缸，但是我们往往想不到，这就是真正的生态系统，只不过是一种人造的生态系统（图146）。人们把各种非常漂亮的鱼儿放在玻璃缸里，但要使鱼儿活得长久并能够繁殖，就必须为它们准备相应的生活环境。

究竟从哪儿做起呢？先从准备土壤入手。为此要专门挑选冲洗过的粗河沙或海沙，为的是在沙粒之间有足够的空间。然后，往事先准备好的容器倒入新鲜水至容器 2 / 3 处，并把泥土放进去。现在，玻璃缸中有了水和土，还必须留意要保持适当的水温、光线和氧气。

图 146

　　为此要使用专门的设备：电热器、灯和带有空气喷雾和过滤的压气机。

　　两天后往玻璃缸中移植水中植物。这些植物构成了所创建的生态系统的基础，它们保证氧气的生产、二氧化碳的吸收和建立鱼儿营养所必须的有机物质的储备。

　　此后，必须往水中放入合适的微生物（图147），比如各种细菌、原虫、极微小的藻类。它们是生态系统的最重要的成分，能够保证生存环境的生物化学重建（即再生）。为此通常需用2～3升水和少许投放到玻璃缸中的土壤。

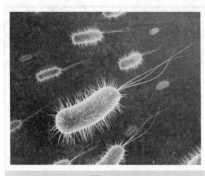

图 147

　　几天之后，玻璃缸里的水开始浑浊，但是，约一周以后水会重新澄清。这时，环境条件已允许把更大的生物——鱼、软体动物、虾（图148）放入这个人造的水池中了。玻璃缸中也可放养两栖类动物和水栖昆虫。简而言之，萝卜白菜各有所爱，就看个人爱饲养什么了。

　　动物在其生命活动之中往水里排泄复杂的有机物质。这些物质在一个封闭的环境中的积累，对所有栖居者来说都是危险的。没有细菌，这些排泄物就会将玻璃缸中的所有生物全部毒死。细菌则能吃掉这些物质，改变它们的性质，把它们变为普通的、没有危险的成分，再次被植物利用。

微生物还具有一个十分重要的特性，它们数量的变化取决于有害物质的多少。动物排泄物的数量增加，细菌的数量就增多，随着排泄物的减少，微生物的数量也会缩减。

图 148

这样，玻璃缸作为一个生态系统，它能够使人们看到真正的自然生物社会的功能规律。

建设农业生态系统

可以把小麦或土豆田、苹果园（图 149）、甚至人工种植的树林看做农业生态系统。与生物的自然群落相比，它们都是由人的劳动创造的。然而，劳动还创造了工业生态系统。它们的区别在哪里？主要区别在于使用的主要能源不同。

图 149

对于农业生态系统而言，主要能源是阳光。依靠这种能量，农业生态系统从无机物中创造出其生存所必需的一切。农业生态系统的其他生物吃掉绿色植物所储备的能量。在农业生态系统中还有那样一些生物，它们既吃能量、还吃来源于动物的食品。在所有这些情况下，对于农业生态系统而言，太阳光的能量是最原始的能量。进入农业生态系统的其他来源的能

生态环境启示录

量（电能、燃料能等等）与被生物所利用的太阳光的能量相比就显得很少。

对于工业生态系统而言，它的能源主要是还未恢复本来面目的能源储备：煤、石油、天然气，也可能是核电站和水电站生产的电能。

农业生态系统（图 150）与城市生态系统有着密切的联系，它们互换自己的产品。另一方面，城市生态系统由于往大气中排放有害物质和污水而污染城市附近的农业生态系统。

图 150

农业生态系统与自然生态系统的联系另有不同。它们能够互换生物。因为在两个系统中都可以看到同类的植物和动物，并且，农业生态系统十分稳定。要使农业生态系统长期存在，就必须一直有人的影响，人要施肥，要监控动物和植物的数量，因为它们会降低收成或毁掉一部分产品。

生态监测

生态监测（图 151）是指对生态环境的观测系统，并在观测基础上对生物圈状态或生物圈的某种情况进行评估，对人类的生产活动可能引起生

生态环境启示录

图151

物圈的变化做出预测。

在监视过程中科学家们可以确定周围环境中最重要成分——空气、土壤、水受污染的程度。对生物、生态系统和人的健康状态做出评估。监测研究可以获得关于被观察对象状况的信息。监测研究的任务不是去改造周围环境、改变周围环境的质量。

生态观测分几个等级：全球性监测、国家级监测、区域性监测和局部性监测。全球性监测可以对整个地球的生态发展做出评价，它监测整个生物圈。今天人类关注的正是全球的许多生态指标。人类密切关注着臭氧层的状况、二氧化碳的浓度、地球的平均湿度等指标，这一监测得到了许多国际组织的配合。

每一个国家都有自己的生态监测部门，由它们来组织规划本国对周围环境状态的监测。例如，根据观测规划，俄罗斯将监察放射性核素、重金属和杀虫剂对土壤、动植物、食品所造成的污染。俄罗斯的每一个地区都要根据本地区的生态环境特点来执行规划。每一个州或每一个共和国内都有居民点、林场、水域，那里都需要进行系统的监察。

居家生态学

生态学一词的确切译意为：关于家的科学。像生态系统、生物圈这些高深知识范畴，我们常常会忘记，我们自己的住所是我们的生活环境的最重要的一部分，我们一辈子的大部分时光是在家中度过的。

我们许多人对臭氧洞和保护白犀牛（图152）等问题了如指掌，而对自家的生态系统却知之甚少。实际上，只要我们对自己的住所进行一番研究，就会掌握许多生态规律。

大家通常认为，不是自己，而是别人在污染环境。而且，这些人无疑品行不端。然而，在自家的范围内，

图152

在日常的生活中每一个家庭都在与周围环境打交道——使用能源、呼吸空气、生产废物等等，尽管数量不大，但同样会对自己住所的生态系统造成污染。

我们常常希望能为地球生态状况的改善做些有益的事情，多多少少尽些力。我们经常因在某些具体问题上无能为力而懊丧。

我们的住所其实就是在改善环境质量方面的一个大有作为的地方，不出家门就可以保护大自然。

爱护我们居所的生态系统

我们中间未必有人会想到，我们的居所就是一个生态系统（图153）。但事实确实如此，只不过它是一个人造系统。我们要想在这个系统中生活，就需具备某些条件。我们

图 153

希望室温在 20℃左右；我们需要适宜的亮度、湿度、空气成分和其他许多相关指数；我们离不开食物和水，但不是什么水都行，而是可饮用水。为了把环境指数维持在所需水平，即保持居所的生态系统的平衡，我们需要不断地从外面补充物资和能量。为保持平衡，还必须拿走我们生活中所产生的废物。

与天然生态系统不同的是，天然生态系统中的基本物质是绿色植物，绿色植物能够生产复合有机物质,而复合有机物质又是所有生物的食料来源，在我们家中，大部分生物量由人组成。家中的植物偏重于观赏性和保健的功能，它们可使人赏心悦目，能够净化和湿润空气，分泌出植物杀菌素。只有少数城市居民在家里种有葱头、土茴香(图154）和其他食用青菜。而且，这节省不了多少家庭的饮食开销。

除了植物和人之外，居所里还有动物。并且不仅有我们专门在家中饲养的宠物：猫、狗、鱼、鹦鹉和其他

图 154

动物；和我们共处的还有老鼠、昆虫、壁虱、蜘蛛，甚至甲壳类动物，如个头不大的陆栖甲壳动物：潮虫。居所生态系统中数量最多的动物当然要数昆虫，如蟑螂（图155）、蛾子、蚂蚁、臭虫、跳蚤、虱子、木蠹蛾、米和面粉中的各种贪吃的昆虫，还有谁也弄不清从何而来的小小的果蝇。

我们获得的食物主要来自田地和畜牧联合企业（它们有时离我们很远）这些人造生态系统。我们饮用的自来水来自离城市很远的水库。能量供应则靠电、天然气、热水和太阳（尽管只有一小部分是太阳提供的），这些

图 155

能源被用于照明、取暖、做饭和家用电器。家中的废弃物则通过排水管道和垃圾管道排走。

迄今为止，人们还不太注意自己居所的生态质量，很少考虑它会对更大的生态系统产生什么影响。现在，这一状况正在改变。生态危机迫使我们每一个人都要重新审视自己的居所，把它作为一个生态系统来对待。

城市就是一个生态系统

我们地球上的城市在迅猛地发展着，它们在自然环境中占去了越来越多的土地。在人类历史的发展进程中，城市体现出人口大量聚集一起生活的优势。城市为商业、手工业、科学的发展创造了条件，城堡还作为防御工事起过最重要的作用。工业革命初期城市开始快速发展起来，至今依然保持迅猛发展的势头。今天，地球上有一多半的居民居住在城市里。城市和城市人口的增长的趋势有了一个专用词：都市化。

不管你理解与否，城市确也是一个生态系统。这个生态系统是人造的。

生态学家认为，城市作为一个生态系统，它突出的特点不是高大的楼房、密集的人口和车辆，甚至也不是环境的污染，而首先是它的异养性。也就是说，城市生态系统不以太阳能储备和太阳能的进一步利用为基础，而这些则是天然生态系统的基础。城市的主要能源来源是离城市很远的煤炭、天然气、石油产地和水电站（图156）、原子能电站。城市里自产的生物也很少，它甚至不能保证少部分城市人口的食用。这样的生态系统不可能稳固，所以，人们必须不断调节物质和能源的流量。人要关注城市生态系统的规模。他们不得不规定出能源和资源的消费数量及排入水中、大

图 156

气和土壤中的废物的标准。一方面，城市为居民们创造了某些优越的条件，另一方面，它也促使人造生态系统替代天然生态系统。大城市使大气、土壤、植被、地貌、水体、地下水和气温发生了变化。在城市里，电磁场和辐射环境的变化十分明显。大城市的土地见到的阳光少得可怜，城市的上空常常是烟雾滚滚。城市是地球上的最大的污染源之一。

大量的工业企业和运输工具不仅使城市本身，而且使远离城市的地方的污染不断加剧。

寻找符合生态要求的能源

德国科学家季捷勒·蔡弗里德认为，应当把节能作为最符合生态要求的"能源"来研究。

统计资料显示，在工业发达国家约 1／3 的电能用在日用电器上，美国 20% 的电力用于照明。这大致等于 100 座大型电站所生产的电量。冰箱消耗 7% 的电能，单这一项就需要 25 座大型电站来供应。

在使用家用电器时，可以借助比较简单的技术手段来节能。比如，在德国一台冰箱（图 157）平均年耗电量为 300 千瓦小时，只要冰箱四壁和冰箱门使用更好的隔热材料并扩大换热器的面积，冰箱耗电量就会降低到每年 100 千瓦小时，即减少 2／3。

大多数住宅楼的实际耗能量往往高于预期值。利用现代工艺手段就可以使现有的住宅楼节省 40%～60% 的能量，使新设计的楼房节省 70%～90% 的能量。

建设住宅楼和办公楼时使用高质量的隔热材料是提高能源利用率和节省经费的最好办法，在气候寒冷的地区尤其是这样。

图 157

住宅里近 30% 的热量是从密封不严的窗户流失的。仅在美国，这样流失的热量就等于阿拉斯加输油管道一年输出的石油的能量。今天，像普通墙壁一样具有隔热性能的成套窗户已被研制出来，并在建筑中使用。当然，这样的窗户相当贵，但很快就会由于节能而抵消。

利用生物瓦斯

最常见的有机废料，如牲口的粪便、丢弃的蔬菜的茎叶、杂草、锯末和许多其他废物在任何一个农家都会成为廉价的、而且是重要的新型的能源。原来，只要对有机物做适当的加工，就可以从中制取可燃气体，它的主要成分是甲烷、二氧化碳和少量的硫化氢等混合气体。在一些国家它被成功地用来取暖和做饭。

人们用一种所谓的"甲烷发酵"（图158）法来获取生物瓦斯，它是在厌氧条件下，即无空气进入条件下进行的。发酵过程由两组细菌分两个阶段来完成。参与第一阶段发酵的是产酸性细菌，它们把复合有机物质——蛋白质、脂肪和糖分解成更为简单的物质。

由于细菌的活动产生了所谓的发酵初产品：脂肪酸、酒精、氢、碳氧化物和许多其他物质。这些物质是第二组微生物甲烷生成菌的绝好的营养源。第二组细菌把在第一阶段形成的发酵初产品加工成甲烷、二氧化碳气体和其他少量的化合物。

图158

多种微生物（约有1000种）参与了有机废料转化为生物瓦斯的复杂过程，但起主要作用的仍是甲烷生成菌。

为使细菌的作用发挥得更充分，必须创造适宜的条件。为此人们建造了专门的发酵池：生物反应池。人们使池内保持着适宜的温度和压力，密切地关注着培养基的酸度。但是最主要的是不能让大气中的氧气进入生物反应池。

有趣的是，反刍动物的胃也具有十分相像的条件。所以，普通的牛早就拥有了生物反应堆，并利用细菌来加工纤维质。然而对牛来讲，甲烷只不过是副产品、无用的废料。

人们在生物反应池中加工有机废料的同时，还解决了另一个十分重要的问题。人们由此而获取了能提高土壤肥力的优质有机肥料。

利用风能

来自大西洋的源源不断的海风和平原地形给欧洲大陆西北部的一些国家创造了利用风能的绝好的条件。丹麦很成功地利用了这一自然资源。风车不仅能转动磨盘，它还能生产电力，从渠中抽水灌溉。

在丹麦及其他经济发达国家，20世纪70年代初石油和石油产品价格的飚升使人们对再生能源产生了兴趣。那一时期甚至被称为石油危机时期。

风能涡轮机始建于70年代中期，取得了较好的经济效益。它们的特点是性能可靠、坚固耐用、经济实惠。现在最流行的风车装有"螺旋桨"型风轮，它有3个桨叶，风车有制动系统和换挡箱，大多数风车装有两台发电机，功率为一千瓦至几百千瓦。风速超过每秒3.5米时，桨叶就会转动起来，这时小型发电机就会发出电来。当风速超过每秒5.5米时，第二台发电机就会自动运转。如果风力超过每秒24米，风车就会停下来，因为在这种情况下风车继续运转，就容易出事故。风车通常安装在几米或几十米高的塔楼上。

丹麦在普遍利用风能的同时，还在研究全国各地的风能资源。为此专门绘制了风能地图，图上标出了全国每一具体地区可资利用的风能资源，同时还附有不同的地貌对风力装置运转产生的影响的说明。

保护沼泽

　　不久前科学家们开始认识到沼泽对调节和净化大地上的水起着最为重要的生态作用。

　　沼泽（图159）是一个独特的生态系统，是已经习惯了过分湿润的生物的栖息地。沼泽地是千百种有花植物、苔藓、大量的昆虫、软体动物和其他无脊椎动物、各种水鸟、鱼、野兽生活的自然环境。

图159

　　有了沼泽，森林和河流、植物和动物世界才得以保存下来。河流近旁沼泽化的土地调节着年流水量，它们在汛期和大雨时储存水，以后再逐渐贡献出来。结果，水灾的危险性降低了，河流在干旱期仍能保持较高水位。

许多河流大多起源于大沼泽。沼泽在储水的同时，还协助水进入地下水层，以此来补充地下水的储量。

　　沼泽地区极大地改善了水的质量。生活在沼泽之中的浮水植物和微生物有着清洁器的功能，在它们体内吸纳并分解了许多污染水的有毒物质。

　　遗憾的是，大多数人觉得，沼泽是不毛之地。沼泽地上不长树木，这里不能种植农作物，沼泽地不利于建设和铺设道路。很久以来，在某些地方直到现在，人们仍在试图改良沼泽地。

　　由于多数国家的土地治理工作，许多沼泽地已排干了水，变成了农田。

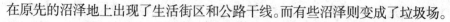

在原先的沼泽地上出现了生活街区和公路干线。而有些沼泽则变成了垃圾场。

消灭沼泽生态系统，同时也就毁掉了许多植物和动物的栖息地，造成许多物种灭绝的威胁。近处的森林开始变得稀疏，河流开始变浅，地面水的水质变坏，地下水的储量减少。由于水和风的影响，人造田里的土壤的土质也在迅速恶化。

查看《红皮书》

必须编写"红皮书"的设想产生于20世纪50年代末。这个设想是国际保护自然和自然资源联合会成员国的一些著名的科学家提出的。起初该书是一本濒临灭绝的动植物的名册。科学家们认为使国际组织和各个国家领导人对自然界灾难性状况引起关注是极其重要的。

1966年首次出版的国际红皮书收录了200种鸟、约100种哺乳动物和大约25000种植物。许多国家以该书为蓝本开始出版本国的红皮书。

俄罗斯的第一本红皮书于1978年出版，书名是《苏联红皮书》。6年之后第二个更为详细的版本问世，它大大地增加了需要保护的动物种类。除哺乳动物、鸟类、两栖类动物和爬行动物（图160）之外，书中还收录了鱼类、昆虫、软体动物，甚至蠕虫。在第三个版本的编写过程中，收录的范围更加扩大，编写工作更为复杂，为此对收录标准进行了专门的审议，根据审定的标准，一些正在消失的动植物被收入红皮书中。

在这本书里，被保护的动植物被分为五类：第1类，不采取专门措施

图160

将无法拯救的动植物；第2类，数量仍不少，但正在灾难性减少的动植物；第3类，还不存在灭绝的危险，但仅能在个别地区见到的动植物；第4类，需要进一步研究的动植物；第5类，已摆脱灭绝危险的动植物。

红皮书的主要目的在于发现和收录那些将要灭绝和需要加以专门保护的生物种类。书中有系统的材料对收录种类的状况进行评述。该书还对生物的分布、数量、生物学特点、决定生存条件的因素进行了介绍，并专门列出了拯救生物必须采取的具体措施。这些措施是那些负责保护和利用自然资源的国家机关所必须履行的职责。

许多大国在国家红皮书出版之后，紧接着又出版了介绍国内各个地区不同生物种群的区域红皮书。

除红皮书之外，人们还出版了黑皮书。书中介绍了人类文明的各个时期从地球上永远消失的那些动植物。人类对大多数物种的消失负有直接责任。

为什么需要动物园

人们对待动物园饲养动物的态度是不一样的。有人认为动物园是必需的，有人反对"囚禁"动物。

今日的动物园曾经走过一条漫长而又艰难的发展道路。

自古以来，在人的周围不仅有被驯化的动物，而且有野生动物。最古老的国家——亚述、埃及、印度和中国的君主们都有豢养野生动物的园苑以供消遣。在古罗马的角斗场上曾进行过人与野兽的角斗。在中世纪封建主内讧时期，每一位登极的君主都想在自己的宫廷中拥有一个哪怕是不大的园苑。渐渐地，园苑越建越大，最终变成了动物园（图161）——稀有动物的博物馆。动物园成为科学和教育中心的时间并不很长，千百万成年人和儿童在这里学会了热爱和尊重野生动物。

现在的动物园不是监狱。在适宜的生活条件下，动物园里的动物比在自然条件下活得更长久。建动物园还有一大好处，就是许多动物得以在这里进行繁殖。

图161

今天，动物园在保护濒临灭绝动物方面功不可没。多亏了动物园，人们才能够拯救某些稀有动物并使它们重返大自然。顺便提及，西伯利亚原始森林的紫貂也是在莫斯科动物园工作人员的努力下才得以保存下来的。

世界上第一个国家公园

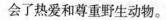

黄石国家公园被认为是世界上第一个国家公园，它是根据美国国会的决定于1872年在怀俄明州建立的。从那时起，美国共开辟了200多个"赏心悦目的胜地"。一位国家公园的创始人认为，开辟国家公园是为了使人的身体健壮、精力充沛、心灵高尚。

图162

正是这种黄色的鹅卵石布满了美国最大的高山湖黄石湖的沿岸，也布满了源于此湖的黄石河的河底。

在美国所有的公园中，黄石公园（图162）的出众之处不仅在于它历史悠久，而是由于它包罗万象。在这个公园里，有着不同爱好的旅行者都能给自己找到大量感兴趣的事做，令人目不暇接的美景和通幽曲径静候着登山爱好者的光临。

在这里可以了解到正在悠闲散步的美洲野牛、黑熊、棕熊、狼、丛林狼、鹿和驼鹿的生活情况。还可以了解到在这里栖息的200多种鸟类生活的许多趣闻。

当然还可以欣赏著名的间歇喷泉，这样的喷泉在黄石公园里大约有近万处。

太平洋沿岸自然保护区

今天，人们正致力于乌苏里斯克原始森林的开发：他们开采矿产，铺设道路。结果，森林被砍伐，河流被污染。所有这一切对这片处女地的生物产生了不良的影响。地球强大的冰川作用没有触及锡霍特山脉，但是，冰川的影响使南方和北方的生物奇迹般地汇集在这里。为保护大自然千万年所造就的这一巨大的财富，这里建立了国家自然保护区。

图163

森林占锡霍特自然保护区（图163）总面积的90%以上。这些茂密的森林主要由喜湿和喜光的植物构成。河谷湿润肥沃的土地上生长着榆树、白蜡树，树下有各种茂盛的灌木丛：刺五加、忍冬、蕨、花楸。在这里还可以看到一些稀有植物，例如被录入红皮书中的乌苏里斯克贝母、人参。

在河流两岸较高的坡地上有红松林。在自然保护区里有大片的未被人类采伐的森林。这里高大的雪松的树龄已有300或300年以上。这种树很适宜沿海气候条件，它在乌苏里斯克原始森林生态系统中起着至关重要的作用。大面积的雪松为众多的鸟类、啮齿类动物，甚至像熊和野猪这样的大型的哺乳动物提供了良好的栖息条件。雪松长势好的年份，野猪和其他有蹄类动物能够大量繁殖，所以森林之王阿穆尔虎也会得到好处，因为这些动物是它的主要猎物。与雪松同时共存的树木还有比比皆是的椴树、硕桦、柞树、朝鲜冷杉和云杉。

乌苏里斯克原始森林是一个独特的生态系统，令人惊奇的是，热带的和寒带的东西伯利亚原始森林的动植物竟能在这里共存。在这里栖息的动物还有喜马拉雅白胸熊和棕熊、老虎和猞猁、豹子和狼獾、梅花鹿和马鹿、尼泊尔貂和紫貂。鸟类、爬行动物、两栖类动物、鱼类和昆虫的种类也不少。其中的许多种类已被列入国际红皮书，成为特别保护的对象。

弗兰格尔岛自然保护区

图 164

弗兰格尔岛自然保护区（图 164）离楚科奇海不远，它建于 1976 年，人们想保护这里原始的自然景观。

这个岛一年中有一大半时间天寒地冻。

从 9 月到来年 5 月的 8 个月间，这里是狂风呼啸的严冬天气，漫长的极夜偶尔会被闪烁的极光照亮。夏季短暂，但却凉爽，时常会有微寒和落雪。冻结的土地毫无解冻的迹象，尽管地平线上的阳光日夜不辍地照耀着。这里有很深的冻土层，形成了所谓的永久冻土地区。尽管条件如此恶劣，但这冰原上的生命活动依然十分精彩。

春天的太阳刚刚晒暖大地，海岛就从一连数月的沉睡中醒来。小山岗上出现了浅蓝色的勿忘草、紫色的虎耳草花，当然还有极地罂粟花，山坡上出现了五颜六色斑斑驳驳的地衣。这些容易生长的植物像是鲜艳的地毯覆盖在永久冻土层上面薄薄的土壤层上。岛的中心地带受北大洋冰冷气候的影响较弱，植物世界就显得丰富多彩一些。这里甚至能够见到树木，那

图 165

是一种匍匐在地面上的矮生性柳树。它的高度不超过 70 厘米。在这个岛上总共发现了约 300 种不同种类的植物。它们之中有一些在别处根本见不到，例如弗兰格尔早熟禾、委陵菜（图165）、乌沙科夫 – 彼得罗夫斯基罂粟。

在这个位于极圈内的岛屿上，动物世界也是独一无二的。它常被称为白熊的"产房"。约 300 头有身孕的雌白熊在这里建了自己的窝。未来"北极的主人"在这里出生，独自学走路。

在弗兰格尔岛上另一种北方巨兽——海象也建有自己的窝。如此众多的海象群体在世界的任何地方都难得一见。

除海象之外，在这里还可以见到其他鳍脚目动物——髯海豹和环斑海豹。哺乳类动物中不大的啮齿类动物旅鼠和捕猎它们的北极狐。北极狐是这个地方的常住动物。在岛上还有大型的食草类动物——北方鹿和麝牛，但它们是人运到这里来的。

随着天气转暖，各种鸟类也飞到自然保护区来。在这里可以见到雪雁、贼鸥、棕鹤、雪鸮和其他许多种鸟。在短暂的极地夏季里，这个海鸟群栖息地鸟声不断。

昆虫公园

我们大多数人认为，自然保护区的面积很大，那里保护的是珍奇的动物，例如阿穆尔虎、白熊或欧洲野牛。的确，有这样的自然保护区，大家也都知道这些保护区。但是很少有人知道，在许多国家中还有一些小型自然保护区，那里保护的是普通的昆虫。当然，这里所指的是，它们从前是普通的昆虫，而今天它们已经成为稀有的昆虫，所以需要得到保护。它们不全是国家设立的自然保护区和禁猎区。它们之中有些是社会组织、某些人或中小学生建立的。

俄罗斯第一个昆虫自然保护区（图166）名叫昆虫公园，建于1972年，离西伯利亚城市鄂木斯克不远，占地6.5公顷。

图166

小自然保护区这个名称本身已经说明它的面积不大。它或许是野草丛生的一块林中草地、森林的边缘地带、某一峡谷地段、或是不能从事农业生产的某个山沟。还有，它也许是学校的一块禁止耕作和专门培植植物的地段。

这些地段渐渐长满了野生植物，这些植物能向被保护的六条腿的动物提供食物和防御天敌和坏天气的避难所。有时人们会专门播撒些野草种子，在地面上放些树枝、朽木、未剥皮的原木。为了在土壤里创造出更有利的生存条件，人们进一步采取措施，把干芦苇杆和干玉米秆、成捆的干草分挂在各处。在这些地块上从早春到晚秋有许多开花的植物，还有昆虫能够繁育后代、度过冬季的地方。在这样的保护区里，人的行动受到限制，

图 167

只允许沿专门的小道行走。

在这种环境中受到保护并得以大量繁殖的昆虫有熊蜂（图167）、野蜜蜂、泥蜂、稀有甲壳虫和蝴蝶、姬蜂和棕尾毒蛾、蜻蜓和其他许多濒危的昆虫。

科学家们认为，这些小自然保护区应当散布各处。在城市、乡村、田野和森林里都可开辟。自然界中这些未被践踏的地方不仅能帮助保护稀有和濒临灭绝的昆虫，还能帮助我们成功地防治害虫，因为在这里大量的害虫天敌能够得到快速繁衍，而它们能够抑制害虫的大量滋生。

今天，在各国专设的公园和自然保护区里约有两千头欧洲野牛。在俄罗斯中部的自然保护区和高加索栖息着几百头欧洲野牛。

遵循诺亚原则

人们应如何对待尚未查明益害的生物物种呢？美国生物学家代维德·埃伦菲尔德认为，应当按圣经中的人物诺亚的方式去做。在著名的圣经神话中，大洪水暴发时，诺亚乘坐自己的方舟，从当时存在的每一种动物中都救出一对，当时他没有考虑眼前的利益。事实证明诺亚的做法是完全正确的。

今天，越来越多的科学家赞成所谓"诺亚原则"的保护生物的理论。根据这一原则，生物存在这一事实本身就应当作为价值的唯一标准。生物能在自然界中长期存在就说明它有至高无上的生存权力。这一观点早已深入到人类千百年历史所形成基本的宗教传统观念之中。简而言之，所有生物都有权生存，也就是说，即使人也无权消灭生物。

保存世界上所有美好事物的愿望的实现，在很大程度上有赖于全社会能否广泛支持保护生物。越来越多的人开始明白，千奇百怪的生物使我们的世界更加美丽多彩。人已经学会从凶猛的食肉动物乌苏里虎（图168）和小树蛙身上、从小瓢虫和高大的桉树身上发现美。我们在评价一个森林时，已经不单

图 168

单考虑它能出产多少立方米木材、收获多少吨果实、得到多少值钱的皮毛。当然在保护各种生物的同时，也不应忘记动物界的经济价值。

从实际情况来看，各种生物的减少对人是无益的。地球上的生物能够为日益增多的居民提供食物，能够保护人的健康并解决其他生态问题，如果它们灭绝的话，后果是不堪设想的。遗憾的是，人们到现在才意识到，必须珍惜"不可糟蹋的生物基因储备"。

保护热带森林

人类应当明白，如果热带雨林消失的话，他们将面临什么样的严重问题，而保护好这些森林又是何等的重要。做好这件事，就会避免在未来出现悲剧性错误。

研究热带丛林（图169）的科学家们已经查明丛林中生物间的奇妙的生态关系。最近他们开始认识到，许多从前被认为无关紧要的生物其实对与人有利害关系的其他生物的生存是极为需要的。

在这个生物间相互联系特别紧密的王国里，一种生物的消失就意味着另外几种生物也会随之灭绝。即使从实际利益出发来研究生物的保护问题，

图169

一个生物链的脱节也会不可避免地影响到人类本身。

有许多种植物都是专为某种特定的生物而存在的，如传粉生物黄蜂、蝴蝶、蜜蜂和蜂鸟等。只要一砍除那些开花的树木，传粉的生物就不得不离开这片土地，剩下的树木也就不能够结果，结果会造成以这些果实为生的食草动物的死亡，接着，还会使靠食草动物为食的食肉动物饿死……如此引起一系列恶性反应。食物链的脱节现象开始造成生态系统的破坏，影响到这个系统的所有植物和动物，其中也包括人。因为在这个食物链中我们也有既定的位置。

食物链的所有环节将会一个接一个地被毁。科学界对已经灭绝的许多生物不得而知。它们在人类弄清其在生态系统的作用之前就已经荡然无存了，所以，即使是为了自身的利益，人也永远利用不上它们了。

直到不久之前，人们还认为，生物界已被研究得很清楚了，因此未来人们要做的只是在实践中利用它们。然而，在我们已知的所有热带的动植物种类之中，大约仅有1%的物种被研究过，而且研究的仅为它们的可利用性。

最近10年来人们发现了几种植物的"奇妙标本"，这使人们对新的生物的发现产生了希望。有些科学家认为，一场真正的革命已经发生。地球上的人们终于认识到，热带森林是一座硕大的化学化合物的宝库，许多化合物具有异乎寻常的生物活性。

我们应当明白，失去热带森林，人将永远告别动植物的最宝贵的基因储备，如果没有它们，人恐怕难以解决诸如气候变化、沙漠化、空气和水污染、粮食短缺等日益尖锐的生态问题。

国家公园里的城市

拉脱维亚"加乌亚"国家公园（图170）属于一种特别类型的自然保护区，它兼有保护自然和为人的积极休息提供场所两种职能。全国被保护植物的近 1／5 都生长在这个保护区里。在这里栖息的动物之中，有 48 种是被保护的哺乳动物。加乌亚河穿过整个公园，河的两岸是风景秀丽的悬崖峭壁和裸露的泥盆纪时期的砂岩。峭壁上有众多的洞穴和山泉。这里的美丽风景给人一种古远苍茫的感觉。古特马尼亚洞穴是该国旅游者必去之地，这里有一个泉眼（图171），泉水寒冽，水质清澈透明。

图 170

在洞穴的石壁上，1668 年间所刻下的古铭文仍依稀可辨。每年参观这个洞穴的游人约有 150 万。

公园洞穴中的温度常年保持不变，洞穴幽暗、寂静、潮湿，这里是十几种被列入拉脱维亚国家红皮书的蝙蝠的理想栖息地。洞口生长着稀有的苔藓植物、地衣和蕨类植物。这个独特的公园有着奇特的地貌、土壤和丰富的动植物资源，乃是地质和动植物群的活文物。

令人惊奇的是，在一个国家的中心地带何以保存下来这么一大片几乎处于原始状态的森林呢？在占地 9.2 万

图 171

公顷的国家公园里有采西斯和锡古尔达两座城市、两个镇、若干个工厂、约 15 个大型的农业生产部门。令人纳闷的是，公园内人口的密度是全国最大的，每年有几百万人前来参观这个自然保护区。每年公园内由于人的活动会产生 1000 万～1500 万吨各种废弃物品和垃圾。自然保护区怎能在这样的条件下安然无恙呢？

原来，公园被分成了三个功能区域：自然保护区、游憩区和中立区。第一区又分自然保护区、禁伐区、禁猎区、禁渔区。除科研人员之外，禁止任何人以各种理由进入自然保护区域，那里有几乎处于原始状态的森林和沼泽地。三个自然保护的地段位于加乌亚河的故道，一个位于高海拔的沼泽地。除此之外，允许参观团体在禁伐、禁猎、禁渔区做短暂逗留。在人文景观保护区内，甚至允许在保护有价值的人文景观的前提下利用土地进行经营活动。

游憩区占国家公园面积的 6%。这里设施齐全，应有尽有，每年接待千百万旅游者。

在中立区允许进行集约化的经济活动。

在"加乌亚"国家公园里，生态利益和经济利益并不对立，而是互为补充，形成了一个共同体。

远东海洋自然保护区

离符拉迪沃斯托克不远的海面上有一群岛屿，岛屿上的动植物极为丰富。因此，这些岛屿及其沿岸水域于 1978 年被宣布为远东海洋自然保护区（图 172）。这个保护区内 2 / 3 的区域禁止人们从事任何活动，其中也包括科研活动。其他区域被分为两部分，其中之一在最南面，人们在那里繁育两种软体动物：扇贝和牡蛎，它们是味道鲜美的食品。在这一区域里还有一个植物园，里面种植的是岛生植物群的有代表性的物种。另一部

图 172

分是保护区最小的一部分，它取名为教育区。

这个自然保护区内的气候极为奇特：夏季是亚热带气候，而冬季几乎是北极地带气候。

沿海水域生长着典型的日本海植物和动物。常年栖息在这里的有海豹，偶而也可以发现海狗、北海狮和鲸鱼。有300多种鸟在这个自然保护区的岛上繁殖后代。它们之中有已被列入红皮书的稀有的鸟类品种：黄嘴鹭、迸隼、金鹏、虎头海雕、白尾海雕和勺嘴鹬。

在保护区的群岛上长有550多种植物，其中有许多稀有和极稀有的植物，它们千姿百态美不胜收。人迹罕至的群岛上长满了蔷薇、棠梨木、猕猴桃和椴木，多杆扇形的树木给自然保护区增添一种特殊的风韵。

人类的同盟军

人类对昆虫界的态度正在逐渐改变。从前人们使用化学药品，希望彻底消灭害虫，今天，人们的主要任务是把益虫变成争取粮食丰收的同盟者。

自然界中，每一种害虫的克星通常不下十几种。比如，苹小蠹蛾的克星约有百种。有60多种昆虫能够消灭谷物危险的害虫——椿象（图173）。在未遭破坏的自然群落中，害虫难以进行大量繁殖，因为自然界的天然的敌人控制着它们的数量，但在田园和菜地中害虫却容易大量繁殖。

后来，人们才在农业生产中开始利用生物除治害虫。能够消灭害虫的各种

图173

昆虫叫害虫的天敌。害虫的天敌有诸如瓢虫、步行虫和蚂蚁等捕食昆虫。也有一些对人类十分有益的寄生性昆虫。许多种黄蜂都具有寄生性。现在名声远扬的赤眼蜂也属于这类昆虫。

图 174

人们建造了许多生产害虫天敌的生物工厂，开始采用大规模工业方式繁育某些害虫的天敌。专业化繁育的害虫天敌有赤眼蜂（图 174）、草蛉、捕食性植绥螨。必要时，将它们放入田园或温室中，让它们在那里消灭害虫。

害虫天敌的处境并不乐观，因为人类在用各类化学毒品对付害虫的同时也毒害了它们，夺走了它们的食物。问题在于，大多数的成龄害虫天敌已与它们的幼虫不同，它们已完全不是捕食性昆虫，而是不具攻击性的素食者，它们主要吃花蜜、花粉或果实的汁液。然而作物的开花期十分短暂，而且野生的开花的杂草也越来越少。

为改善成龄害虫天敌的饲料基地的状况，科学家们建议在田边地头和在林带、灌溉渠旁播种分泌花蜜类植物——泛喜草、油菜、芥菜、草木犀和其他植物。

隐形卫士

用微生物方法防除害虫的设想早已产生。著名的俄罗斯科学家 И.И.梅契尼科夫 1881 年在敖德萨所作的《关于利用真菌病消灭害虫》的学术报

图 175

告中就提出了这种设想。

当时俄国南部的粮食作物因奥国金龟子（图 175）肆虐而遭受了巨大损失。一天，他看到了一只长霉的大苍蝇，这使他想到可以利用霉菌来防治作物的害虫。

经过不懈的努力，他终于在自然界中发现一种极其微小的真菌，并在实验室里把它分离了出来，这是一种能使奥国金龟子毙命的真菌。此后，他开始探索用真菌制造专门制剂的方法，并使这种制剂能够长期保存，以备防治害虫之用。两年后，他在波尔塔瓦省成功地培养出小批量的霉菌。然而由于多种原因，这种微生物制剂的大规模培养生产拖延了半个世纪。

被用来防治害虫的第一批工业化生产的制剂产于法国。它是在苏云金芽孢杆菌基础上被制造出来的。

它是在 20 世纪初由两个人——日本人石渡和德国人柏林分别单独发现的。两位科学家认定，这种细菌会杀灭害虫的幼虫，但对人和家畜很安全。

从外观来看，第一批微生物制剂是普通的灰色粉剂。但是，在这种似乎无生命物质的每一粒碎末里都含有千百万的活菌的芽孢。只要害虫连同叶片吃下几粒这种制剂，两天后它就会死掉。微生物防治方法的使用获得了成功，这使人们在世界许多国家建造了研究苏云金芽孢杆菌实验室。

科学家们开始寻找这种细菌的最为活跃的变异品种。于是，能防治多种危险害虫的制剂相继问世。

在 20 世纪的 50 年代，俄罗斯的科学家们在伊尔库茨克附近的原始森林中发现了大个头的西伯利亚松毛虫（图 176）。科学家们从它们的体内分

图 176

离出一个特别类型的杆菌，它的活性与耐性极为突出。在这一微生物的基础上科学家们制造出更有效的护林制剂。目前世界上使用着 20 多种苏云金芽孢杆菌类制剂，科学家们还在研制更为有效的防虫制剂。

水与文明

水是地球上分布最广、同时也是最奇异的物质之一。正是水充盈了江河湖海，雨水从天而降，冰雪覆盖大地。没有水，无论人还是其他生物都无法生存。

从远古到今天，随着人类的发展，水的意义越来越大。

最初它承载过原始简陋的舟楫。后来人们开始用它来灌溉田地，修建了最初简单的输水管道。而如今，它带动了现代化水电站的涡轮机，承载着巨轮……

约 5000 年前古代文明开始出现。当时古埃及十分强盛，修建的底比斯城富丽堂皇，宏伟的金字塔护卫着法老们的亡灵，人们创造了高度文明。为什么那个时代非凡的文明正巧产生在这里呢？文明兴盛的主要原因是由于有一条雄伟壮阔的尼罗河和它冲刷出的肥沃的河谷。是炎热的气候、肥沃的土壤、充沛的水量造就了奇迹。

约在同一时期，在底格里斯河和幼发拉底河流域的土地上出现了一些令人惊叹的城市，城市里修建了宫殿、庙宇、道路，还有一个独一无二的亚述巴尼拔藏书馆。许多学者认为，是苏美尔人，以及亚述利亚人和巴比伦人在地球上创造了最古老的文明（图177）。它同样得益于水量充足的江河和江河冲刷出的河谷。古代的人们没能善待水，还滥伐森林，大量的牲畜踏坏了植被。结果，大部分昔日的肥沃的土地变成了贫瘠的荒漠，这

图 177

最终导致了苏美尔和巴比伦国家的灭亡。

发祥于印度河谷地的古印度摩亨佐－达罗文明也遭受到同样悲惨的命运。印度河后来改了河道，这里变成了一片沙漠，古印度文明也遭到覆没。

让我们看一看世界地图。实际上，所有的国家首都和一些大城市都坐落在海洋或江河湖泊的岸边。的确，莫斯科位于莫斯科河畔，巴黎位于塞纳河畔，伦敦位于泰晤士河畔。

这当然不是偶然现象。人们所寻求的居住地首先要有水。水不仅可用来饮用和满足生活需要，它还是抵御敌人进攻的天然屏障（甚至城堡也被灌满水的壕沟围起来），最后，水路还是与邻国交往和贸易的方便的通道。

可以肯定地说，没有大量的水，现代文明也同样不能存在。

寻找水污染源

　　污染水源的有工业和公用事业企业在生产、加工和木材流送时所产生的污水，矿井、矿场和采油业的废水以及水上、铁路及公路运输形成的垃圾。

　　日常生活和工业中合成洗涤剂的广泛使用致使合成洗涤剂在污水中的浓度增大。浓度若达到每千克1毫克，诸如水藻、红虫、轮虫等浮游生物就会遭到灭顶之灾。每千克达到5毫克时，鱼会死去。净水设备实际上对它也无能为力，因为它经常会进入水源，从那里再进入自来水管道。

　　水的污染源是铅、铁、铜、汞等重金属。起初重金属离子吞食水生植物。进而，它们沿食物链侵袭食草动物，再后来就是食肉动物了。有时，这些重金属在鱼体内的浓度超过它们在水中初始浓度的几十倍，甚至上百倍。

　　有几百种淡水生物（图178）对水中出现有机物质十分敏感，所以它们是水生态系统安危的指示信号。现已查明，某些水栖无脊椎动物能够吸收大量的放射性元素和农药，因而它们被用来作为环境污染的指示信号。

　　在阳光、大气、生物（细菌、菌类、绿色植物、动物）生命活动等自然因素的影响下，天然水具有自我净化的功能。在天然自我净化过程中通过河中的净水对水流进行多次稀释，24小时后有50%的细菌残留了下来，而36小时后仅剩下0.5%。

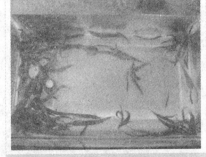

图178

　　在严重污染情况下，由于生物死亡和自然生物过程遭到破坏，水的自我净化过程不能进行。因此，要根据污染的程度和特点采用专门的净化污水的方法，如机械、化学和生物方法。

净化河水

你是否想过，如果没有生物对水源进行净化，江河湖海将是怎样一种情景？

有些人认为，所有水污染问题应由专门制造的技术装置——净化设备来解决。净化设备极为重要，这一点无可争议。可是要知道，在净化设备中水的净化仍是依靠专门挑选的一些种类的细菌和无脊椎动物来完成的。

天然水源（图179），例如河流或湖泊能够自我清除一定量的污染。

河水流经城市时往往会被严重污染，然而朝下游走几千米，会看到河水又洁净如初。这归功于水栖无脊椎动物和微小的水藻，是它们吃掉了污

图179

染物质。河道越是蜿蜒曲折，河中利于这些动、植物生长的地方也就越多。河底越是高低起伏，悬浊液越能快速沉淀，氧气也越多，自我净化过程进行得也越快。河水的自我净化速度还取决于水温的高低。在每年的寒冷季节，尤其在冬季，生物的活性明显降低，因此自我净化的速度就会放慢，被污染的河段就更长些。

今天，净化水源的生物由于严重的污染而深受其害。如果出现生产事故，流入河中的大量有毒液体会毁灭所有的水中生物。在这种情况下，河水需要紧急救治。

预防垃圾污染

科学家们认为，预防垃圾污染没有什么有效的方法，原则上讲也不会有。

预防垃圾污染从何做起呢？首先，应当把垃圾放到对人和大自然影响最小的地方。因而，垃圾应当进入垃圾场。我们所说的当然不是"随意倾倒"的垃圾场，而是专门修建的垃圾场。有人会讲，即使是专门设置的垃圾场也不能最有效地避免垃圾污染。实际上，这的确是把问题留给了后代，但是今天没有垃圾场是不行的。如果我们对居住环境持不负责任的态度，随意倾倒有毒垃圾，我们的后代根本就无法生存到对垃圾能够有法整

图180

治的那一天。

其次，无论如何也不能烧垃圾。然而，我们从自家窗口向外望去，经常会看到生活垃圾在燃烧（图180）。我们每个人在走过城市街道时，都会见到冒烟的垃圾箱。而春季和秋季里，在开展清扫运动时期，景象更加惨不忍睹，城市和乡村被昏黑的烟幕所笼罩。令人十分遗憾的是，居民们竟然意识不到这一最为严重的威胁。

各种化学物质在烈焰的高温条件下相互作用，在火堆里和烟雾中形成新的物质，其中有许多是对人极为有害的。这些物质很容易随烟一起飘到很远的地方。

你一副无所谓的样子从正在燃烧的垃圾旁走过，并认为这事与你无关，其实，你大错特错了。有毒物质会通过窗户甚至空调器神不知鬼不觉地钻进我们家中，落到食品、衣服和皮肤上。有些有毒物质，比如二噁烷很容易被皮肤脂肪吸收，透过皮层渗入血液。它们还可以通过肺的呼吸进入我们的机体。垃圾燃烧后留下的有毒的灰烬会被风吹走，进入土壤水分中，进而这种有毒溶液会进入含水层。

不允许燃烧垃圾，燃烧垃圾会威胁到自己和他人的生命。这条禁令应

图 181

当成为铁律。

垃圾的处理需要建造许多垃圾处理工厂（图181），否则根本没有别的出路，不然的话，垃圾会毁了我们。然而，为了不使今天的问题变得更加严重，仅有政府的努力是不够的。垃圾车不会自动走进森林或牧场替你清理空塑料瓶、口香糖和巧克力糖的包装纸。禁止乱丢垃圾，这些东西应当自己拿着，然后送进垃圾箱和垃圾场，使它们减少对我们居住环境的破坏。

垃圾学家们的研究

人们的生活中产生的大量的垃圾导致了一个新兴的工业行业的出现，它专门进行垃圾的加工。甚至还产生了一个新学科——垃圾学。全世界的垃圾学家们都在寻求人类摆脱垃圾困扰的出路。直到最近专家们也未能对生活垃圾的成分和其中进行的反应做出明确的界定。

经研究发现，我们垃圾的成分是由各种化学化合物组成的一个复杂的混合体。其中能够见到诸如铁、铜、铅、铝等各种各样的金属。有些金属本身就对人和其他生物的健康有危害。

垃圾场（图182）的成分中还有在农业和日常生活中广泛使用的多种杀虫剂。当然，在这里还能见到许多合成除垢剂和遗弃的化妆品。它们都有效地介入了在生活垃圾场有机物质中进行的所有化学反应，如果对其进行焚烧，它们就会形成极为有害的分解物质。

在日常的生活和生产中使用的大量的塑料和合成纤维制品充斥了所有的垃圾场。从前大家对塑料曾寄予厚望。例如，认为塑料可以"永久"替代易锈蚀的金属，可以替代木材，保护森林资源，还可替代玻璃、织物和其他坚固的材料。而如今，当塑料制品不能用时，科学家们要绞尽脑汁来

图 182

对付它们，塑料制品成了生活垃圾中的危险品。有些塑料经过多次化学反应而逐渐被分解，被分解出的有甲醛、脲和其他有毒物质。有些塑料，例如聚乙烯，则极耐腐蚀，很难被分解，结果造成大量聚积。

设置垃圾场

　　全球的人造垃圾山在不断增长，地球上每年人均垃圾约一吨。每个国家的垃圾问题都有自己的特点，但是有垃圾的地方，就有垃圾场。有"随意倾倒"的垃圾场和专门设置的垃圾场。"随意倾倒"的垃圾场我们大家都很熟悉，人们在空地上、在废弃的土地上、在林边、在公路和铁路两旁无视禁令随着倾倒各种垃圾。大风常常把垃圾场四周的废纸和塑料包装袋吹走。人们经常焚烧垃圾（图 183），这时有毒烟雾和黑色的烟絮就会污

图 183

染方圆几百平方千米的空气和土壤。这类垃圾场对人的健康十分有害，它们污染周围环境，破坏自然景观。

配有设施的垃圾场是专门修建的垃圾库。选择这种垃圾场的地点时应考虑到某些情况。它应当设置在离城镇较远的地方，设置在一个当地的下风口，使从垃圾场吹来的风到不了居民点。它不应当设置在自然保护区（禁伐林区、禁猎区、禁渔区）附近，不允许将垃圾场建在蓄水区和水源附近。一个最重要的规则是要防止垃圾场的有毒物质进入地下水。为此要十分重视垃圾场修建地土壤渗水性的考察。这种垃圾场要有足够的规模，能在长

时间内堆放垃圾。

　　挑选了合适的地方之后，要完成这项工作也绝非易事，首先进行的是垃圾场设施安装工程。必须 给垃圾场修建围墙、铺设专用道路。垃圾场应当配备相应的技术设备和经过专业培训的工作人员。运入垃圾场的垃圾不应随意堆放。生活垃圾应当被整平压实，上面覆盖上工业垃圾。时间一长，这类垃圾场就变得像一个多层蛋糕。